다시 쓰는 동물의 왕국

다시 쓰는 동물의 왕국

동물의 세계에는 슈퍼갑이 없다

최삼규 지음

이상

차례

:: **7장** :: 부시맨은 과연
            고향을 찾을 수 있을까?

동물의 왕국은 그런 곳이 아니다

"이 녀석들 왜 이렇게 게을러! 이것들 백수의 제왕이 아니라 그야말로 왕백수로군."

세렝게티 초원에서 사자를 촬영하면서 매일 나도 모르게 원망스럽게 내뱉곤 했던 말이다. 왜냐하면 사자는 한번 사냥해서 배가 부르면 시원한 그늘에서 늘어지게 잠을 자기 때문이다. 그것도 하루 이틀이 아닌 4~5일 이상이나 말이다. 그러니 야생에서 살아가는 모습, 특히 사냥하는 역동적인 장면을 담아내야 하는 제작 팀은 원망 어린 장탄식이 나올 수밖에……

그런데 그런 광경을 지겹도록 보면서 나는 하늘이 내려준 오묘한 진리를 조금씩 깨닫기 시작했다. 초식 동물을 사냥해서 살아가는 육식 동물들이 이렇게 자지 않고 마구 돌아다닌다면 초식 동물들은 얼마나 불안할까? 그러니까 배고픔을 해소했으면 모두들 꿈나라로 가라는 하늘의 지엄한 명령을 충실하게 이행하는 육식 동물들을 보면서 신통하단 생각이 들었다.

게다가 육식 동물들은 쓸데없이 사냥을 하거나 자기 힘을 과시하지 않는다. 그저 최소한의 배고픔만을 해소하기 위해서 사냥을 하는 것이다. 여기에 비하면 쓸데없는 욕심을 부리거나 투기를 일삼고 남의 것을 빼앗으려고 어떤 짓도 서슴지 않는 우리네 모습은 어떠한가?

생물학자들은 야생 생태를 '약육강식', '적자생존', '자연도태'라는 세 단어로 살벌하게 표현하는데, 내가 세렝게티 초원에서 깨닫게 된 것은 이곳은 초식 동물과 육식 동물이 각자 하늘로부터 부여받은 강점을 잘 살리면서 서로 균형 있게 생존해 나가는 '조화와 공존'의 세계라는 사실이다. 그런 자연에는 갑질 하는 강자도 없고, 그래서 당하는 약자도 없다. 오로지 섭리에 따르는 자연의 조화만 있을 뿐이다.

지금은 정년퇴직으로 이런 역동적이고 다양한 생명들이 숨 쉬고 있는 야생을 떠난 지도 어언 1년이 다 지나가고 있다. 몸은 비록 이곳에서 방송을 꿈꾸는 젊은 후학들을 지도하고 있지만 마음은 때론 아프리카 세렝게티 초원을, 나미브 사막을, 시베리아 벌판을, 몽골 초원을 나 혼자 유람하다 오곤 한다.

그리고 매년 내 마음을 설레게 하는 일이 있는데, 아프리카 생태 전문 해설사로서의 활동이 그것이다. 아프리카를 처음 찾는 한국 여행객들과 함께 사파리 여행을 하면서 현지 야생 생태와 예전 프로그램 제작할 때 펼쳐졌던 뒷얘기를 들려주는 것이다. 작년과 올해도 다녀왔고 또 내년에도 갈 예정이다. 제작 당시에는 새벽부터 해질 녘까지 야생 동물들을 쫓아다니느라 느껴볼 여유가 없었지만 끝없는 야생의 초원, 세렝게티가 이런 환상적인 곳인 줄은 뒤늦게 새삼 느껴본다.

어느 누가 우리 인간들이 사는 세상을 속세俗世라 했던가. 속俗이란 좁은 골짜기 안에 모여 살면서 세상 넓은 줄, 하늘이 높은 줄 모르고 서로 싸우고 뺏고 뺏기고, 심지어는 죽고 죽이는 일까지 벌어지는 기막힌 곳이다. 그렇지만 우리들이 이 좁은 골짜기를 벗어나 산으로 올라가면 신선神仙이 된다는 것을 왜 모른단 말인가?

게다가 자연은 우리 모두에게 공명정대하고 평등하게 대해준다. 권력을 쥐고 있다고, 재산을 많이 갖고 있다고, 학벌이 좋다고, 가문이 뛰어나다고, 외모가 출중하다고 차별을 하지 않는다. 그저 자연에 가까이 가면 갈수록 우리들에게 건강과 생명력을, 사계절 펼쳐내는 아

름다움을, 온갖 새들과 곤충들이 연주해 내는 오묘한 자연 교향곡을
들려준다.

나는 오늘도 예외 없이 새벽녘에 앞산을 오른다. 향긋한 낙엽을 밟
으며 오르다 보면 동쪽에서 떠오르는 태양을 마주하게 된다. '그래!
내가 살아있음에 오늘도 저 찬란한 태양을 보는구나.' 하는 감사한 마
음을 갖는다. 오늘은 나에게 무슨 좋은 일이 생길까 하는 기대감과 오
늘은 어떤 좋은 분을 만나게 될까 하는 설렘 속에 하루를 시작한다.
아무리 생각해도 난 행운아임이 분명하다.

끝으로 자연 다큐멘터리 프로그램을 제작하느라 수많은 긴 출장과
편집으로 집을 비우고 지친 몸으로 집으로 돌아온 필자를 따뜻하게
맞이해 주고 불평 한 마디 없이 힘내라고 격려를 아끼지 않았던 아내
에게 고마운 마음을 전하고 싶다. 돌이켜 보건대 이런 아내가 없었더
라면 자연 다큐멘터리 프로그램 51편을 어떻게 제작하였을까 싶다.

1장

〈PD수첩〉 지망생은 어쩌다 자연 다큐멘터리 감독이 되었나?

^ ^ ^

저더러
〈곤충의 사랑〉을
찍으라고요?

자연 다큐멘터리 프로그램을 제작하는 PD를 한마디로 표현하자면, '기다림의 미학을 추구하는 사람'이라고 할 수 있다. 자연 속에 숨어 있는 오묘한 비밀과 신비로운 생명의 법칙을 영상화시키는 작업이 그렇게 쉬운 것이라면 누구나 다 할 수 있을 것이다. 하지만 자연은 결코 쉽사리 그 모습을 드러내 보이지 않는다. 그만큼 자연 다큐멘터리 PD에게 끈질긴 기다림과 인내심은 필수 불가결한 요소인 것이다.

자연 과학을 전공하지도 않았거니와 자연에 대해 별로 관심도 없었던 내가 자연 다큐멘터리 프로그램을 처음 시작하게 되고, 또 그 이후 수십 년 동안 그 일에만 매달리게 된 경위는 정말 드라마틱하다.

내가 대학 생활을 하던 80년대에는 PD들이 한국 사회의 부조리와 비리를 예리하게 파헤쳤던 KBS의 〈추적60분〉이 센세이션을 일으켰다. 당시에 대학을 다녔던 학생들은 거의 모두 이런 프로그램을 만들 수 있는 PD가 선망의 대상이었고, 물론 나도 예외는 아니었다. 대학을 졸업하던 해, 나는 기자가 되고픈 꿈을 접고 MBC 신입사원 공채에 PD직으로 지원했다. 그리고 당시 정동에 있던 문화체육관을 가득 메웠던 경쟁자들을 물리치고 정말 운 좋게 합격이 되었다.

그런데 당시 드라마 왕국 MBC에는 내가 꿈꾸었던 〈추적 60분〉 같은 시사 프로그램이 아직 존재하지 않는 상황이었다. 설레는 맘을 안고 입사해 6개월에 걸친 신입사원 연수 후 주변에서는 "드라마 PD를 하면 어떻겠냐?"라고 권유했다. 하지만 나는 언젠가 〈추적 60분〉같은 시사 프로그램을 제작해 보고 싶다는 어렴풋한 희망을 품고서 무작정 교양 PD의 길로 들어섰다.

처음에는 주부 대상 아침 생활 정보 프로그램인 〈차인태의 아침살롱〉을 시작으로 이런저런 프로그램의 조연출을 맡게 되었다. 그런데 기다린 자에게 복이 있나니, 1987년 6·29선언 이후 우리 사회에서 민주화 운동이 활발히 전개되기 시작했다. 아울러 방송사에서도 공정방송, 민주 방송의 염원을 담은 방송 민주화 운동이 불붙기 시작했다. 이에 힘을 얻어 다양한 장르의 프로그램이 생겨났고, 휴먼 다큐멘터리 〈인간시대〉에 이어 드디어 시사 고발 프로그램인 〈PD수첩〉도 생겨났다. 마침내 나는 1991년, 〈PD수첩〉의 일원으로 당당하게 합류하게 된 것이다.

평소 환경 문제에 관심이 많았던 나는 전국 각지 환경과 관련된 아이템을 주로 다루었다. 폐수 유출부터 쓰레기 매립까지 현장을 찾아 안 다닌 곳이 없었다. 그러나 아무리 우리 주변에서 산업 폐기물을 불법으로 매립하는 현장을 고발하고, 탈법과 불법이 자행되는 현장을 보여줘도 개선하고자 하는 시도나 반응은 별로 없었다. 그저 먼 산을 되돌아오는 메아리, 또 메아리뿐이었다.

게다가 별로 환영받지 못하는 현장을 우격다짐으로 쫓아 들어간다든지, 범죄를 저지른 사람들로부터 볼썽사나운 협박을 받는다든지 하는 일들도 허다했다. 그렇게 일 년 반을 보내다 보니 몸과 마음은 어느덧 만신창이가 되어 버렸고, 건강 검진 결과 간 기능도 현저히 약화되어 있었다.

어느 날 몸이 너무 피곤해 안 되겠다 싶어서 병원에서 진찰을 받아 본 적이 있었는데, 의사가 대뜸 이렇게 말하는 것이었다.

"도대체 무슨 일을 하고 다니시기에 몸이 이렇습니까?"

"PD인데요, 요즘 좀 많이 바빴거든요."

"당장 일을 중지하고, 무조건 쉬셔야 합니다. 안 그러면 정말 큰일 납니다! 자살행위나 마찬가지예요."

진찰을 끝낸 의사는 사태가 심각한지 내게 책망하듯 말했다.

맨날 나쁜 일을 하는 범법자들만 졸졸 쫓아다니는 것이 지긋지긋하고 허무하게 느껴지던 순간에 그런 의사의 말은 오히려 고맙게 느껴졌다. 나는 잘됐다 싶어 곧장 부장님을 찾아가서 무슨 프로그램이든 하라면 다 하겠으니, 〈PD수첩〉만 빼달라고 간곡히 부탁했다.

잠시 고민하시던 부장님은 내게 기획안이 든 서류 하나를 던져주었다.

새로운 프로그램을 맡는다는 기쁨에 무언지도 모른 채 받아들고 찬찬히 읽어보니 다음과 같은 자연 다큐멘터리 기획안이었다.

제목 : MBC 자연 다큐멘터리 〈곤충의 사랑〉
기획 의도 : 자연 상태에서 암컷과 수컷의 곤충들이 어떻게 만나 짝짓기를 이루어 종을 번식시키는지 보여줌으로써 생명의 신비와 자연의 아름다움을 이야기하고자 한다.

"이게 뭡니까? 부장님? 아니, 자연 다큐멘터리라니요?"

"아무거나 다 할 수 있다며? 그냥 산으로 들로 놀러간다고 생각하고 만들어 봐! 재밌을지도 모르잖아!"

처음 그 기획안을 읽어보면서 얼마나 기가 막히고, 당황스러웠던지! 곤충이라면 그저 노랑나비, 흰나비, 메뚜기, 매미 정도나 알까? 생물학을 전공한 것도 아니고, 그렇다고 자연에 특별히 관심이 있었던 것도 아닌데……. 나중에 알고 보니 여러 선배 PD들이 거절해서 부장님 책상 밑에서 낮잠을 자고 있던 기획안이었다. 하지만 〈PD수첩〉을 제작하느라 전국의 험악한 곳을 다 찾아 돌아다녔었는데, 어떤 프로그램인들 못 만들까 싶었다. 나는 고민 끝에 이 프로그램을 제작하겠다고 나섰고, 그날 이후 나는 배낭에 곤충 도감을 넣고서 스태프들과 함께 풀숲으로, 산자락으로 곤충을 찾으러 돌아다니기 시작했다. 그것은 자연 다큐멘터리와 맺은 나의 긴 인연의 시작이었다.

^
^
^

울창한 숲에서
곤충을
찍는다는 것

지구상에는 1백만 종의 곤충이 살고 있고 우리나라만 해도 1만여 종의 곤충이 있다. 곤충들은 자신의 종을 보존하기 위해서 자연의 법칙에 따라 순수하게 짝짓기를 한다. 우리는 곤충들이 연출하는 다양한 짝짓기 모습을 아주 가까이에서 촬영해서 이를 시청자들에게 보여주고자 했다. 곤충은 봄이 서서히 기지개를 펴기 시작하는 3월부터 활동에 나선다. 그래서 나, 카메라맨, 조연출 등으로 꾸려진 우리 〈곤충의 사랑〉 제작 팀은 일찌감치 겨울부터 촬영 준비를 시작했다.

하지만 처음으로 자연 다큐멘터리를 만들다 보니 시행착오도 많이 겪었다. 막상 시작하고 보니 곤충의 생태에 대해 아무것도 모른 채 짝짓기를 찍는다는 것은 거의 불가능에 가까웠다. 어떻게 생겼는지, 어디에 살고 있는지, 또 언제 나와서 어떻게 짝짓기를 하는지 아는 것이 정말 하나도 없었다. 처음에는 아무리 돌아다녀도 곤충들이 보이지 않아 얼마나 당황했는지 모른다. 그나마 어렵사리 발견한 곤충들은 이름조차 몰라 곤충 도감을 찾아보며 일일이 비교해 가며 이름과 생김새부터 외워야 했다. 수풀떠들썩팔랑나비, 강변길앞잡이, 도토리거위벌레 등 별 희한하고 재미있는 곤충도 많았다. 곤충들의 이름을 외워가며 우리는 서서히 녀석들과 친해지기 시작했다.

촬영도 곤란한 점이 한두 가지가 아니었다. 어디든 손쉽게 가지고 다닐 수 있는 카메라가 필요해서 개인 돈으로 작은 비디오카메라를 구입했다. 곤충들의 미세한 동작을 포착하려면 가까이서도 찍을 수 있는 고배율의 접사 렌즈도 필요했다. 어렵사리 접사 렌즈를 구해서 찍어보니 렌즈의 초점이 조금만 어긋나도 곤충들이 제대로 잡히지 않을 뿐 아니라 조금만 바람에 흔들려도 화면에서는 엄청나게 크게 흔들려 보였다.

또 알이나 번데기에서 애벌레나 어른벌레가 나오는 장면을 촬영하기 위해 며칠씩 그 앞에서 기다리기도 했다. 잠시라도 한눈을 파는 날에는 언제 그랬나 싶게 혼자서 돌아다니기도 했다. 어렵사리 초점을 맞춰 놓았을 때 곤충들이 그런 사정과 노고엔 아랑곳하지 않고 훌쩍 다른 곳으로 도망가 버리면 온몸의 힘이 한꺼번에 쫙 빠져나가는 듯했다. 결국 다른 장소로 이동할 때에는 곤충들을 채집 틀에 넣고 다니

길앞잡이

도토리거위벌레

며 촬영할 수밖에 없었다. 언제 어떻게 변할지 모르니 틈틈이 관찰해야 하기 때문이었다.

하다 보니 노하우도 생겼다. 일단 야외에서 촬영할 수 있는 것들은 모조리 밖에서 촬영하기로 하고, 촬영하기 힘든 것들을 찍기 위해선 자연 생태와 비슷한 비닐하우스를 지어 활용하기로 했다. 각종 곤충을 채집해 기르면서 촬영하는 '촬영용 세트장'이라고나 할까?

그러는 사이 우리집 아파트 베란다도 졸지에 곤충들의 사육장이 되어갔다. 녀석들 모두를 현장에서 관찰할 수가 없었기에 집안 베란다에 각 곤충들의 먹이가 되는 나무들을 심어 놓고 나비, 사슴벌레, 사마귀 등을 직접 기르면서 촬영할 수밖에 없었다. 어떤 날은 귀한 왕오색나비가 번데기에서 우화하여 방안을 날아다니는가 하면, 또 어떤 날은 시커먼 사슴벌레가 방으로 날아와 잠자던 아이가 놀란 적도 있었다.

이렇게 곤충들을 매일매일 관찰하다 보니 어느새 여름도 가버리고 가을이 찾아왔다. 처음 시작할 때의 막막함은 이제 사라지고, 곤충마다 가지고 있는 저마다의 독특한 사연들이 하나씩 눈에 들어왔다. 비록 작디작은 곤충에 불과하지만, 그 역시 하나의 생명체로서 자신만의 삶을 알콩달콩 살아가고 있는 모습은 인간이라는 '동물'에게만 관심을 가졌던 내게 신선한 충격으로 다가왔다. 그 작은 녀석들의 움직임과 날갯짓 하나하나가 그냥 막연한 것이 아니라 뭔가 의미 있는, 하늘로부터 부여받은 자연의 법칙에 따른 행동이란 것을 알게 되면서 나는 점점 자연 속으로 빠져들게 되었다.

^
^
^

곤충들의
사랑
이야기

곤충을 접하게 되면서 나는 '자연'이라는 세계에 대해 전혀 새로운 시각을 갖게 되었다. 우리가 작다고 무시하는 생명체 하나하나에도 고유의 독특한 삶의 양식과 의미가 있다는 것을 새롭게 깨닫게 된 것이다. 가장 친근한 곤충인 나비만 해도 그렇다.

"나비야, 나비야, 이리 날아오너라. 노랑나비 흰나비 춤을 추며 오너라."

초등학교 음악 교과서에 실린 동요 '나비야'를 부르면서 나는 그저 나비가 춤을 추러 다니는 곤충인 줄로만 알았다. 그런데 곁에서 오랫동안 지켜보며 공부한 뒤에 알게 된 것은 그 작은 움직임에도 깊은 생명의 의미가 숨겨져 있다는, 어쩌면 당연한 사실이었다.

나비들의 날개에는 동종의 나비들만 알아볼 수 있는 자외선을 방출하는 인자가 있어 암컷과 수컷은 멀리서도 이 자외선을 보고 서로를 알아볼 수 있다. 직선거리로 4km 정도 떨어져 있어도 보인다고 한다. 만약 어떤 수컷 나비가 남산 팔각정에 앉아 있다면 그 나비는 경복궁 뜨락의 꽃나무에 앉아서 자외선을 방출하는 다른 암컷 나비를 볼 수 있는 것이다.

또한 곤충은 각기 독특한 냄새를 내는 페로몬pheromone이라는 특수한 호르몬이 있어서 서로 같은 종임을 알아볼 수 있다. 이것은 암컷이 수컷을 유인하는 역할도 한다. 서로 멀리 떨어져 있어도 이 냄새를 통해 수컷과 암컷이 서로 만나 짝짓기를 하게 되는 것이다. 특히 나비는 후각이 매우 발달해서 꽤 멀리 떨어져 있어도 그 냄새를 맡고 찾아온다.

암컷 나비를 발견한 수컷 나비는 쏜살같이 날아간다. 그런데 재밌는 것은 암컷 나비가 기껏 날개를 저어 수컷을 유인해 놓고는 수컷이 가까이 다가오면 올수록 점점 '싫어한다'는 것이다.

수컷이 날아와 암컷 옆에 사뿐히 내려앉으면 본능적으로 수컷을 떼어내려고 도망치는데 수컷은 뒤떨어질세라 열심히 쫓아간다. 봄에 들녘이나 강가에서 잘 관찰해 보면 한 마리의 나비가 잽싸게 도망가면 다른 한 마리가 그 뒤를 죽어라 쫓아가거나 공중으로 높이 올라갔다가 내려와 뱅뱅 도는 모습을 발견할 수 있다. 이는 분명 암컷을 보고 쫓아온 수컷 나비들의 추적 장면이다. 그런데 암나비는 마냥 이렇게 도망만 다니는 게 아니라 수컷이 뒤쫓아 오는 모습을 보면서 이 녀석이 튼튼한지 부실한지를 본능적으로 알게 된다. 튼튼한 녀석일 경우 암컷은 꽃잎에 사뿐히 내려앉아 날개를 내린다. 그러면 수컷도 옆에 내려앉아 더듬이를 부비다 교미를 한다.

봄에 잠깐 나왔다가 사라지는 애호랑나비는 교미 후에 수컷이 암컷의 교미기 가까이에 분비물을 내어 수태판을 만들고, 모시나비나 붉은점모시나비는 수태낭을 만든다. 그것은 말하자면 일종의 정조대를 채우는 것이다. 풀흰나비나 큰줄흰나비의 경우 이미 한번 교미를 끝낸 암컷은 수컷이 아무리 유혹해도 꽃 위에 앉아 배 끝을 수직으로 높이 쳐듦으로써 이미 교미를 끝냈음을 표시한다. 그러면 수컷은 지체 없이 떠나 버린다.

이렇게 교미를 끝낸 수컷 나비는 자연이 내린 자신의 역할을 무사히 마치고 장중한 최후를 맞이한다. 암컷 나비도 적당한 곳에 알을 낳은 후 장렬한 최후를 맞이한다. 이렇게 대부분의 나비는 단 한 번의 짝짓기로 알을 낳고 자연으로 돌아가는 것이다.

암컷이 알을 낳는 곳 또한 신기하기만 하다. 그 누구에게도 배운 바 없으나 각각의 나비들은 애벌레들의 먹이가 되는 풀과 나무, 즉 숙주가 될 만한 식물을 정확히 찾아내 알을 낳는다. 이른 봄에 애호랑나비는 족두리풀에, 사향제비나비는 쥐방울덩굴에, 배추흰나비는 배추에, 호랑나비는 산초나무에 어김없이 알을 낳는다. 알을 낳는 것도 아주

암먹부전나비의 짝짓기

과학적이다. 한 군데에 알을 다 낳는 것이 아니라 이리저리 찾아다니며 여러 군데에 몇 알씩 듬성듬성 낳아 놓는다. 즉 알을 깨고 나온 애벌레가 충분히 먹고 자랄 수 있도록 먹이 공간을 미리 확보해 놓는 것이다. 알을 낳는 나비들을 보고 있노라면 처절하다 못해 그 모습이 존경스럽기까지 하다. 애벌레들의 확실한 먹이 식물인지, 또 충분한 먹이 공간이 확보가 되는 곳인지 확인하고 알을 낳느라 암컷은 끝없는 날갯짓을 하고, 알을 다 낳을 때쯤이면 날개가 거의 찢어져 나가 자신의 몸은 만신창이가 된다.

누가 가르치고 시킨 것도 아닌데 자신에게 하늘이 내려준 종족 보존의 지엄한 명령을 한 치의 오차 없이 이행하고 자연으로 돌아가는 암컷 나비들을 보고 있노라면 나도 모르게 가슴이 뭉클해지고 마음이 숙연해진다.

한편 '신기한' 방식으로 교미하는 곤충도 있다. 다른 곤충을 먹이로 하는 육식 곤충 중에서 사마귀는 독특한 생태를 보인다. 대부분의 곤충은 수컷보다 암컷이 큰데, 사마귀도 마찬가지다. 수컷보다 월등히 큰 암컷은 쉽사리 수컷의 접근을 허용치 않는다. 눈앞에 움직이는 곤충만 보이면 닥치는 대로 잡아먹는 사마귀라 수컷이 섣불리 접근했다간 암컷에게 잡아먹히기 십상이다. 그러므로 수컷이 암컷에게 접근하는 것은 그야말로 목숨을 거는 처절한 몸짓인 것이다.

사마귀가 짝짓기를 할 때는 수컷은 암컷의 사정권에서 떨어져서 '나는 당신의 남편감이노라.'라는 의미로 갖은 몸짓을 다한다. 그리고 마치 '무궁화 꽃이 피었습니다' 놀이를 하는 것처럼 아주 조심스럽게 접근한다. 때로는 암컷에게 근사한 먹잇감을 잡아다 바치고 암컷이 이 먹잇감에 정신을 쏟는 동안에 잽싸게 암컷의 등에 오르기도 한다. 그러다가 자칫 암컷에게 잡아먹히기도 하는데 겉으로 보기엔 암컷이 수컷을 잡아먹는 모진 장면으로 보이지만 사실은 알을 배어 몸이 무거워 사냥을 잘 못하는 암컷에게 수컷이 몸을 바쳐 알에게 영양을 제공하는 육보시를 하는 것이다. 자연 속에서 사는 수많은 생명체들을 보았지만 이렇게 새끼를 위해서 자기 자신의 몸을 바치는 생명체는 사마귀밖에 없는 것 같다. 그러니 사마귀를 만나게 되면 재수 없어 하지 말고 맘속으로라도 박수를 쳐주면 어떨까?

대개의 곤충은 교미를 마치면 헤어져 버리지만 버드나무잎벌레는 수컷이 암컷의 등 위에서 알 낳는 것을 열심히 도와준다. 이 버드나무 잎벌레는 무당벌레와 비슷하게 생겼는데, 이른 봄 시냇가에 있는 버드나무 잎을 자세히 관찰해 보면 찾을 수 있다.

물속에서 사는 물자라처럼 수컷이 알을 보살피는 경우도 있다. 물자라의 암컷은 수컷의 등에다 알을 낳고 수컷은 그 알을 지고 다니면서 부화하기에 적당한 환경을 맞춰주기 위해 수중과 수면 위를 적당히 오르내린다.

물론 이 모든 것이 프로그래밍된 곤충의 본능일 테지만, 때론 그것을 관찰하는 인간에게는 깊은 감동으로 다가올 때가 많다. 등무늬노린재의 암컷은 자신이 낳은 알에서 한 발자국도 떠나지 않고 아무것도 먹지 않으며 부화할 때까지 알을 보호한다. 알을 건드려 봐도 끝내 도망가지 않고 알을 보호하려고 이리저리 자신의 몸으로 막는 암컷의 모습은 참 대견스러워 보인다.

^
^ ^
^

야생벌이
산사山寺에
깃든 까닭은?

일반적으로 '벌'하면 꽃에서 꿀을 따는 꿀벌을 떠올릴 것이다. 그러나 벌 중에는 꽃을 파는 것이 아니라 곤충을 사냥해서 아기 벌들을 키워내는 육식성 벌도 있으며, 집단 생활이 아닌 단독 생활을 하는 벌도 많다.

우리나라에 서식하는 대부분의 벌들이 혼자 생활하며 나비나 나방의 애벌레 또는 여치 같은 곤충을 사냥해서 새끼를 번식시킨다.

대개 산사山寺 주변에는 우거진 숲뿐만 아니라 맑은 계곡물이 흐르고 있다. 이러한 곳은 곤충들이 살아가기에는 최적의 장소다. 그러므로 곤충들을 사냥해서 새끼들의 먹이로 제공하는 야생벌들이 번식하기에는 산사만큼 좋은 곳이 없을 것이다. 게다가 목재로 지어진 사찰의 지붕 밑이나 대들보 기둥에 뚫려 있는 작은 구멍들은 이들의 훌륭한 아파트가 된다.

느즈막이 산사에 봄이 오면 법당 문에 붙어 있던 종이는 엉망이 되곤 한다. 지난해 성충으로 겨울잠을 자고 난 쌍살벌이 알을 낳아 기를 새 집을 짓기 위해서 문짝을 옮겨 다니며 마구 갉아대기 때문이다. 쌍살벌은 비바람을 피할 수 있고 햇빛이 강하게 들지 않는 바위 밑이나 처마 밑에 집을 짓는데 때로는 나뭇가지나 잎 뒤에도 집을 짓기도 한다. 그런데 그 집의 재료가 바로 문종이와 같은 성분인 섬유질이다. 원래는 나무껍질을 잘게 씹어 제 침으로 반죽해서 육각형 방을 하나씩 하나씩 만들어 가는데 이 녀석들은 절간의 문종이를 마구 갉아대도 절 주인이 혼내지 않는다는 것을 어떻게 아는지 연신 제집 드나들듯 절간을 오간다. 게다가 절 주변의 계곡에 흐르는 물을 입에 머금고 와 문종이나 문짝을 적셔서 쉽게 뜯어내는 모습을 보고 있노라면 열렸던 입이 다물어지지 않는다.

쌍살벌은 이렇게 하나씩 방을 만들 때마다 꼬리 끝을 디밀고 알을 낳는다. 어미벌이 알을 낳은 지 일주일쯤 지나면 이윽고 맨 처음 만들어진 방에서부터 차례대로 애벌레가 알을 깨고 나온다. 애벌레는 나온 지 한 달이 지나면 자기 입에서 흰 실을 토해내 방의 입구를 막는다. 그 후 20일쯤 걸려 천천히 번데기가 된 뒤 열흘쯤 지나면 쌍살벌이 탄생한다. 먼저 방 뚜껑을 뚫고 나오는 벌은 모두 일벌이 되고 이들은 다음에 나오는 애벌레를 돌보게 된다.

여름이 되어 집이 더워지기 시작하면 일벌들이 냉방 작업을 한다. 처음에는 날개를 떨어서 바람을 일으켜 집을 시원하게 만든다. 하지만 바깥의 기온이 계속 올라가는 무더운 날에는 바람을 일으키는 것만으로는 별로 효과가 없다. 이런 날이면 일벌들은 집 근처에 있는 흐르는 계곡물을 집으로 날라 와 애벌레에게도 먹이고 집에도 뿌린다. 이렇게 물을 뿌리면 한낮의 직사광선이 내리쬐어 벌집 안의 온도가 섭씨 70도까지 올라가도 35도로 낮출 수가 있다고 한다.

한여름 비가 세차게 내리는 장마 때가 되면 집 안으로 빗물이 스며든다. 빗방울이 스며들면 애벌레는 움직일 수가 없어 몸이 썩게 되므로 일벌들은 비가 그칠 때까지 빗방울을 입으로 모아 밖으로 열심히 빨아낸다.

호리병벌은 쌍살벌과는 달리 개울이나 냇가에서 날라 온 진흙을 혀와 턱, 앞다리를 이용하여 풀줄기나 나무의 잔가지에 술을 담는 호리병 모양의 집을 짓는다. 이때 머리에 난 더듬이를 사용해 집의 크기와 깊이를 재가며 정성들여 집을 짓는다. 보통 이틀 만에 집짓기를 완성하는데 첫날에는 항아리 모양의 아랫부분을 만들고 다음날 아침 일찍 날아와 집을 완성시킨다. 그 모습을 보고 있노라면 호리병벌을 뛰어난 자연의 건축가이자 도예가라 칭해도 될 듯싶다.

6월이 되면 법당의 기둥이 수난을 당할 차례다. 나무의 미세한 틈이나 구멍에 집을 짓는 띠호리병벌은 대웅전 기둥에 있는 구멍 속을

빗방울이 집에 들어갈까 봐 입으로 물을 빼는 쌍살벌

깨끗이 청소한다. 이 구멍은 그들의 선대가 대를 물려 사용하던 방으로 올해 태어난 띠호리병벌이 남긴 쓰레기를 먼저 청소하는 것이다. 청소가 끝나면 침으로 마취시킨 다른 곤충의 애벌레를 부지런히 물어와 구멍 속에 저장한 후 그 애벌레 몸 위에 알을 낳는다. 알을 낳은 어미벌은 진흙을 물어와 도공이 도자기를 빚듯 정성스레 개어 구멍을 메운다. 구멍 속의 알은 애벌레로 깨어나 어미벌이 물어다 준 다른 곤충의 애벌레를 먹고 겨울을 난다. 그리고 봄에 성충이 되어 밖으로 나와 그의 어미가 했던 일을 똑같이 반복한다. 그의 어미가 가르쳐 주지도 않았건만…….

그러나 띠호리병벌의 이런 정성을 물거품으로 만드는 녀석들이 있으니 이름 하여 맵시벌과 청벌이다. 이들은 자신의 집을 짓지 않고 다른 벌의 집에 몰래 알을 낳거나 아예 다른 곤충의 알이나 번데기 따위에 알을 낳아 번식하는 기생벌이다.

이들은 호시탐탐 띠호리병벌의 집을 엿보다 띠호리병벌이 진흙을 가지러 간 사이 잽싸게 구멍 속에 들어가 자신의 알을 낳아 놓곤 유유히 도망간다. 그러나 이런 사실을 알 리 없는 띠호리병벌은 행여 빈틈이 있을 새라 정성으로 구멍을 메운다. 기생벌들의 알은 주인의 알보다 먼저 깨어나 구멍의 주인이 되는 것이다.

여름이 한창 깊어갈 즈음 대웅전의 앞마당과 뒤뜰에서는 홍다리조롱박벌과 나나니벌이 열심히 굴을 판다. 집이 완성되면 들판으로 사냥을 나가, 나비나 나방의 애벌레나 여치 같은 곤충의 가슴관절 부위

야생벌이 땅속으로 애벌레를 데려가고 있다.

를 침으로 찔러 마취를 시킨 뒤 땅속의 집으로 끌고 와 그 위에 알을 낳는다. 그리고는 흙으로 집의 입구를 막아 버리고 그 위로 나뭇가지나 작은 돌을 운반해와 아무도 모르게 완벽하게 위장한다. 나중에 알에서 깬 새끼들은 곤충에서 영양분을 얻어 몸을 키울 것이다.

이렇듯 산사의 도처에서는 온갖 종류의 야생벌들이 제 나름대로 살아가는 생명의 몸짓을 연출해 낸다. 사찰에 깃들인 불살생不殺生의 정신을 알기나 하는 듯이…….

^ ^
^ ^
^

곤충,
공생共生과
기생寄生의 귀재들

　곤충의 번식은 이처럼 종마다 재미난 특징을 가지고 있다. 청벌처럼 기생을 통해 번식하는 종도 있고, 또 공생을 통해 번식하는 녀석도 있다.

　개미가 있는 나무줄기를 잘 보면 개미가 진딧물의 꽁무니에서 즙을 빨아먹는 장면이나 진딧물을 물고 이동하는 장면을 볼 수 있다. 이는 개미가 진딧물의 꽁무니에서 분비되는 단 즙을 빨아먹는 대신 진딧물을 천적으로부터 보호하거나 옮겨주는 역할을 해주는 것이다. 이른바 곤충들 간의 공생共生이다.

　이렇듯 자연 속의 곤충들은 공생과 기생 관계 속에서 살아간다. 그중에서 특히 그 생태가 유별나고 그동안 잘 안 알려진 공생의 대표 사례가 바로 일본왕개미와 담흑부전나비다. 이들의 생활은 그동안 국내에서는 잘 소개된 적도 없어서 촬영하는 데 아주 애를 먹었다. 촬영은 5월부터 시작하였는데 그 시작부터 막혀버리고 말았다.

담흑부전나비의 애벌레와 일본왕개미가 개미굴에서 공생하는 모습을 촬영하려면 담흑부전나비가 우화하여 개미굴 밖으로 나오기 전인 6월초까지는 애벌레를 찾아야만 하는데, 어느 개미굴 속에 애벌레가 있는지 모르는 상황에서 막막하기만 했다. 일단, 국내 나비 전문가와 곤충 채집 전문가들을 만나 보았는데 모두들 관심을 보였지만 땅속의 개미굴에 있는 애벌레를 찾기는 힘들 것이라는 의견이 대부분이었다. 막막한 가운데 어느 곤충 채집 전문가로부터 거제도에 담흑부전나비가 많이 서식하는 곳이 있다는 말을 전해 들었다.

이에 한 가닥 희망을 안고 우리는 거제도를 향해 출발했다. 이때가 5월 말인데 이때쯤이면 담흑부전나비의 애벌레가 번데기가 되기 위해 개미굴 입구 부근으로 올라와 있을 것이라는 생각이 들었다.

알려준 거제도 어느 마을 뒷산에 있는 공동묘지 주변에서 일본왕개미의 집이 여기저기에 있는 것이 보였다. 어느 개미굴을 파보아야 할까 망설이는데 운 좋게도 무덤 옆의 풀잎에 앉아 있는 담흑부전나비한 마리를 발견했다. 개미굴에서 나온 지 얼마 되지 않은 것 같았다. 남쪽 지방이라 생각했던 것보다 빨리 담흑부전나비가 출현한 것이다. 우리는 바로 나비 주변의 개미굴을 세 군데 정도 파보았다. 그랬더니 그중 한곳에서 애벌레 1마리와 번데기 1개를 바로 찾을 수 있었다. 자료에서 보았던 대로 일본왕개미의 일개미는 애벌레를 다리와 더듬이로 자극하며 몸에 배인 분비물을 핥았다. 애벌레의 분비물에는 과당, 포도당, 아미노산, 소량의 단백질 등의 영양소가 들어 있어서 일본왕개미에게는 종합 영양제인 셈이다. 일본왕개미는 이 물질을 얻는 대가로 애벌레를 보호함은 물론 먹이 교환도 한다고 알려져 있다.

우리는 그곳에 머물며 담흑부전나비가 일본왕개미의 주거지인 졸참나무 잎에 알을 낳는 모습을 촬영할 수 있었다. 알은 5일 만에 부화하여 1령 애벌레가 태어났고, 애벌레는 일본왕개미의 보호 속에 점점 자라났다. 재미있는 것은 일본왕개미는 항상 애벌레 곁에 있다가 3령 애벌레가 되자마자 개미굴 속으로 잡아간다는 점이다.

8월 초, 우리가 다시 거제도 공동묘지를 찾았을 때 애벌레들은 많이 커 있었다. 졸참나무 위 일본왕개미는 3령 애벌레와 서로 입을 대고 먹이 교환을 하기도 하고 애벌레의 몸을 핥아 주기도 했다. 그런데 갑자기 그 개미가 애벌레를 입에 물더니 개미굴로 향하는 것이었다. 굴속에서도 마찬가지로 개미는 먹이 교환도 하고 애벌레 몸도 핥아먹었다. 담흑부전나비의 애벌레는 이러한 일본왕개미의 보살핌 속에 개미굴에서 살다가 다음해 6월에 어른 나비로 다시 태어나게 되는 것이다.

이렇게 곤충들은 자연이라는 거대한 세계의 내부에서 우리가 상상하지도 못하는 방식으로 자신들의 삶을 꾸려가고 있었다. 때로는 서로 먹고 먹히며, 때로는 서로 의지하고 도우며 자연이라는 거대 생태계에서 자신만의 작은 스토리를 써나가고 있었다. 나는 그것을 관찰이라는 힘을 통해 지켜보고 깨닫고 느끼는 중이었다.

· · ·

곤충의 다양한 생태를 카메라에 담으면서 나는 자연을 기록하는 작업이 얼마나 중요한지를 깨닫게 되었다. 알면 사랑하게 된다고 했던가! 나는 자연 다큐멘터리 프로그램을 제작하는 일이야말로 아주 중요한 환경 운동이라는 생각을 갖게 되었다. 자연을 이해하고 사랑하게 되면 그 누가 자연을 보호하라고 외치지 않더라도 자연을 보호하는 마음이 저절로 우러나올 것이란 생각이 들었다. 앞으로 자연 다큐멘터리 감독의 길을 꾸준히 가자는 내 안의 목소리가 들려왔다.

더불어 자연의 생태를 인내심을 갖고 관찰했던 그 몇 년이 지난 후 나는 본래의 내 모습과 마주하게 되었다. 〈PD수첩〉을 제작하느라 만신창이가 된 몸도 서서히 회복되었고 험악한 세상사에 찌들었던 얼굴도 원래 모습으로 다시 돌아갔다.

자연 다큐멘터리를 제작하면서 무엇보다 좋았던 것은 느긋한 마음을 가질 수 있다는 거였다. 예전에는 항상 쫓기듯 긴장과 스트레스에 둘러싸여 살아야 했지만, 이렇게 봄부터 겨울까지 사계절을 담으며 작업하다 보니 몸은 고단해도 마음은 편안해지는 상태에 이르렀다.

그렇게 여유를 가지고 자연을 대하니 그동안 두 눈으로 보면서도 못 보았던, 아니 볼 수 없었던 자연 속에 담긴 진짜 의미와 아름다움이 그제야 보였다. 봄이면 싹이 피고 여름이 되면 녹음이 우거지고 가을에 단풍이 곱게 든 후 자신이 만든 잎을 땅으로 떨어뜨려 내년에 싹틀 양분을 스스로 마련하고 깊은 동면에 들어가는 나무들. 인간들이 자신들을 훼손하거나 가지를 꺾어도 화를 내거나 항의하지 않고 아무 말 없이 서 있는 생명들. 하지만 언젠가는 홍수나 가뭄 때 그들의 필요성을 온몸으로 보이며 인간에게 말 없는 응징을 하고야 마는 자연. 겉으로는 꿈쩍도 하지 않고 변화가 없는 것 같지만 내부적으로 끊임없는 변화를 하고 있는 이 세계. 지구가 존재하는 한 끝없이 버티어 갈 이런 곳을 다닐 수 있어 좋았고 자연이 주는 의미와 교훈을 느낄 수 있어서 좋았다. 무엇보다 생명을 가진 모든 것은 유한하고, 모두가 자연에서 생겨나 자연 속으로 고요히 돌아간다는 사실은 가슴 먹먹한 교훈으로 다가왔다. 자연은 고맙게도 나에게 이렇게 많은 것을 깨닫게 해주었다.

2장

지극히 사랑한다면,
어미새처럼

^
^ ^
^

자동차로
지구 둘레의
3/4을 돌다

　자연 현장을 돌아다니면서 관찰했던 경험과 나름대로의 자신감을 갖고 기획·제작한 프로그램이 바로 〈어미새의 사랑〉이었다. 나중에 그 프로그램은 많은 이들의 호평을 이끌어 냈고, 덕분에 나는 자연 다큐멘터리 감독으로서 자부심을 느낄 수 있었다.

　처음 이 프로그램을 기획할 때 나는 그동안 국내 TV 프로그램에서 볼 수 없었던 영상을 한두 개라도 담아보리라 맘먹었다. 그 첫 번째 아이템이 바로 자기가 직접 알을 품지 않고 남의 둥지에 알을 낳아 번식을 하는 이른바 뻐꾸기의 '탁란' 과정이었다. 두 번째는 원앙 새끼가 알에서 갓 깨어난 후 다음날 아침 무려 7~8m나 되는 고목나무 둥지

꼭대기에서 땅으로 번지 점프하는 모습을 담아보는 것이었다. 생각만 해도 재밌는 영상이 될 것 같았고, 이 정도 영상이면 시청자의 관심도 얻을 수 있겠다 싶었다.

그런데 어떻게 하면 이런 영상을 담을 수 있을까? 그때부터 고민에 고민이 시작됐다. 당시 같이 프로그램을 제작했던 카메라 감독도 같은 고민에 빠져 살아야 했다. 지금이야 감시용 카메라가 일상이 되었지만, 그 당시만 해도 카메라의 종류가 다양하지 않았다. 그러던 어느 날 카메라 감독이 우연히 소형 감시용 카메라의 존재를 알게 되었고, 그것을 수소문해 어렵사리 구해왔다.

일단 카메라는 준비되었는데 뻐꾸기가 탁란하는 둥지를 어떻게 찾는단 말인가? 그 모습을 가까이서 촬영하려면 먼저 새 둥지들을 뒤질 수밖에 없었다. 일단 둥지만 찾으면 촬영은 거의 끝마친 것이나 마찬가지였다. 물론 그러기까지 기다림, 배고픔, 더위를 이기기 위한 인내는 필수겠지만…….

제작 팀의 새 둥지 찾기 전쟁은 시작됐고, 뻐꾸기 소리를 찾아 전국의 숲속을 뒤지고 다녔다. 끼니를 거르기 일쑤고 라면으로 허기진 배를 채우고 옷을 찢기면서 가시덤불을 헤쳐야만 했다. 우리나라 방방곡곡을 무려 3만km나 달렸는데, 지구 둘레가 4만km이니 지구 둘레를 3/4이나 돌았다는 얘기다.

우리는 먼저 책을 통해 뻐꾸기가 개개비 둥지에 탁란한 사진을 확인하고, 이리저리 개개비 둥지를 수소문했다. 그러다 경기도 퇴촌에 있는 한강 상수원 보호 구역 안 갈대밭에서 개개비가 많이 번식한다는 정보를 입수한 우리는 고무보트를 타고 개개비 둥지를 뒤지고 다녔다. 가슴까지 올라오는 고무장화를 입고, 사람 키보다 훨씬 큰 갈대숲을 헤치며 다니자니 더위에 숨이 턱턱 막혀왔다. 거머리는 왜 또 그렇게 많은지! 뻐꾸기 알은커녕 숙주새(뻐꾸기 알을 품어 주는 어미새) 둥지 찾기도 만만치가 않았다. 자나 깨나 뻐꾸기였고, 꿈에서도 뻐꾸기 꿈을 꿀 정도였다.

그러던 어느 날, 우리는 충북 청원군 강외면 오송리 야산의 12미터 정도 되는 비자나무 꼭대기의 묵은 까치 둥지에서 파랑새가 번식하는 장면을 촬영하기 위해 위장한 텐트 속에서 모니터 화면을 들여다보고 있었다. 그런데 바로 그때 뒤에서 '뻐꾹 뻐꾹 뻐뻐꾹' 하는 다급한 소리가 들려왔다. 곧이어 다른 뻐꾸기 한 마리가 옆 수풀로 사라지는 게 얼핏 보였다.

잠시 후 위장막 밖 멀리서 파랑새 둥지를 쌍안경으로 감시하고 있던 오디오맨(소리를 기록하는 스태프)의 기쁨에 넘친 목소리가 무전기로부터 들려왔다.

"선배님, 뻐꾸기 알 찾았어요!"

"뭐라고, 정말이야? 놀리지 마!"

귀가 번쩍 뜨였지만 설마 했다. 그렇게 어렵게 찾아 헤매도 통 찾을 수가 없었는데, 이렇게 우연히 발견하게 될 줄이야!

"놀리는 게 아니에요. 분명히 뻐꾸기 알 같아요."

뻐꾸기 새끼가 붉은머리오목눈이의 알을 밀어내고 있다.

카메라맨과 나는 누가 먼저랄 것도 없이 잽싸게 현장으로 달려갔다. 과연 개나리 덤불 속 조그마한 둥지 속에 붉은머리오목눈이 알 세 개와 그 알보다 세 배나 큰 뻐꾸기 알이 푸르스름하게 보석처럼 빛나고 있었다.

나는 기적 같은 이 일을 기뻐할 겨를도 없이 천적으로부터 탁란 둥지를 지켜내기 위한 일념으로 조연출을 시켜 청주 시내에 나가 백반을 사오라고 해 둥지 밑에 잔뜩 뿌려 두었다. 혹시나 모를 뱀의 접근을 막기 위한 것이었다. 또 들고양이들이 둥지를 타고 오르지 못하게 양철로 깔대기를 만들어 둥지 밑에다 보호막을 만들어 주었다.

'어떻게 저 알을 무사히 부화시켜 새끼 뻐꾸기가 성장하는 과정을 촬영해낼 수 있을까?' 머릿속은 온통 걱정과 아이디어로 가득했다. 다행인 점은 둥지 근처 가까이에 작은 시골 점집 한 채가 있었다는 것이다. 우리는 부정 탄다고 한사코 내치는 점집 할머니를 끈질기게 설득해 그 집 문간방을 한 달간 임대해서 그곳에서 먹고 자는 것을 해결하기로 했다. 덕분에 우리는 둥지 위에 감시용 카메라를 설치해 뻐꾸기 생태의 전 과정을 무사히 촬영할 수 있었다.

^
^
^

뻐꾸기는
왜 탁란을
할까?

뻐꾸기 탁란 둥지의 진짜 주인인 붉은머리오목눈이는 다행히 열심히 탁란한 알을 품어 주었고, 뻐꾸기 새끼는 12일 만에 알을 깨고 나왔다. 그런데 뻐꾸기 어미는 이렇게 남의 둥지에 알을 낳아 놓고 나 몰라라 마냥 노는 것이 아니었다. 매일 일정한 시간에 탁란한 둥지를 찾아와 자기 알을 숙주 새가 잘 품고 있는지, 알에서 깨어난 다음에는 잘 크고 있는지 계속해서 감시했다.

뻐꾸기 새끼는 알에서 나온 지 얼마 되지 않아 바로 같이 있는 붉은머리오목눈이의 알을 등에 업고 둥지 밖으로 밀어내기 시작했다. 우리는 모니터 상에 이런 동작이 보일 때마다 죄다 녹화를 했다. 녀석이 처음에는 등에 알을 업는 동작이 익숙하지가 않아서인지 곧잘 떨어뜨리기 일쑤였는데 수차례 시행착오를 거치더니 드디어 알 하나를 바깥으로 밀어내는 데 성공했다.

연구 논문에 따르면 갓 태어난 뻐꾸기 새끼는 등에 다른 물건이 닿기만 하면 무엇이든지 밀어내고 이런 동작은 3일 정도까지 유지된다고 한다. 우리가 관찰한 뻐꾸기 새끼는 4개의 알 중 3개와 도중에 알에서 깨어난 새끼 한 마리까지, 반나절 만에 붉은머리오목눈이의 새끼와 알들을 모두 둥지 바깥으로 밀어내 버렸다.

그런데 한 가지 아이러니한 것은 붉은머리오목눈이 어미는 이런 잔인한 행동을 빤히 보고 있으면서도 뻐꾸기 새끼를 제지하지 않는다는 점이다. 어쩌면 어미 눈에는 강하고 사랑스런 새끼로 보였을지도 모른다.

일주일 정도 지나니 뻐꾸기 새끼는 어느새 먹이를 가져다주는 붉은머리오목눈이 어미와 크기가 엇비슷해졌고, 열흘 정도 지나면서부터는 오히려 그보다 더 커져 어미가 먹이를 입에 넣어줄 때 머리가 뻐꾸기 새끼 주둥이에 거의 다 들어가 버릴 정도가 되어 버렸다.

그러니 벌레를 물어다 줄 때마다 뻐꾸기 새끼가 주둥이를 꽉 다물어 버리면 혹시 먹이를 주는 어미가 다치는 것은 아닌지 가슴이 조마조마해지곤 했다. 보름쯤 지날 무렵에는 둥지 바깥으로 나와 있을 수밖에 없을 정도로 뻐꾸기 새끼의 몸집이 너무 커버렸다.

그리고 얼마 후, 거의 뻐꾸기 어미처럼 커버린 새끼는 일정한 시간

어느새 길러준 어미보다 더 커버린 새끼 뻐꾸기

새끼 뻐꾸기의 입에 먹이를 넣어주고 있는 숙주새 어미

마다 이곳으로 날아와 울어대던 자신의 진짜 어미를 따라 훌쩍 날아가 버렸다. 낳은 정이냐 기른 정이냐 논할 필요도 없이 나중에 이런 장면을 본 많은 시청자들은 "고약하고 배은망덕한 뻐꾸기 같으니라고!" 하며 욕을 해댔지만, 사실 이 뻐꾸기 탁란 번식에는 오묘한 자연의 법칙이 살아 숨 쉬고 있다고 한다.

탁란 번식을 하는 두견이과(두견이, 뻐꾸기, 검은등뻐꾸기, 벙어리뻐꾸기 등) 새들은 주로 번식을 많이 하는 새들을 집중적으로 노리는데, 만약 이런 새들이 죄다 알에서 깨어나 성장을 하게 되면 그 수가 엄청나게 불어나게 된다. 그러면 결국 먹이 경쟁이 심화되어 불균형을 이룰 수밖에 없는 것이다. 원래는 이런 새들을 매나 올빼미, 수리부엉이 같은 맹금류들이 먹잇감으로 사냥을 해 개체수를 조절해 주어야 하는데, 이런 맹금류들의 개체수가 너무 적다 보니 그 조절 능력이 미미할 수밖에 없다. 그래서 맹금류의 대체적인 역할로 두견이과 새들이 개체 수 조절 역할을 하고 있다는 것이다. 뻐꾸기는 자연의 지엄한 명령을 이렇게 충실히 이행하고 있는 셈이다.

^ ^
^
원앙 새끼는

번지 점프의
대가

뻐꾸기 촬영에 성공한 후, 우리는 곧바로 원앙새 촬영에 나섰다. 원앙은 사람들에게 금슬이 좋은 동물의 대표적인 상징으로 알려져 있다. 하지만 그것은 대표적으로 잘못 알려진 사례 중 하나다.

수컷 원앙은 짝짓기 철인 봄이 오면 몸단장하기에 바쁘다. 인간 세계에서는 여자들이 가꾸는 데 시간을 할애하지만 새들의 세계에서 '가꾸는 것'은 수컷의 몫이다. 암컷 원앙은 수수하게 그냥 갈색 오리처럼 생겼지만 수컷은 화려하고 기품이 넘친다. 그렇게 화려한 모습을 뽐내야 암컷에게 선택받기 때문이다. 암컷에게 잘 보여 번식에 성공하기 위해 수컷들은 온갖 노력을 다하는 것이다.

그런데 다른 새들의 경우 짝짓기를 하고 새끼를 낳으면 암컷과 수컷이 함께 새끼를 키우는 것과 달리, 수컷 원앙은 선택을 받은 후 암컷과 함께 살아가지 않는다. 짝짓기가 끝나면 바로 다른 암컷으로 날아가 버린다. 암컷 원앙은 알을 품는 것에서부터 알에서 깨어난 새끼의 양육까지 그 모든 걸 혼자 감당한다. 원앙이 금슬 좋은 부부의 대명사로 알려져 있는 이유는, 그만큼 수컷이 암컷에게 마음을 얻기 위해 지극정성으로 온갖 애교를 다 부리기 때문이다. 하지만 그뿐이다.

홀로 남은 암컷 원앙은 고목나무에서 알을 낳고 3주간 품는다. 새끼가 나오면 둥지 속에서 밤새도록 번지 점프 연습을 시킨다. 땅에 무사히 내려앉기 위한 훈련을 직접 시키는 것이다. 밤새 연습이 마무리 되면 어미는 새끼들을 7~8미터 높이에서 땅으로 그대로 뛰어내리게 한다. 그러면 새끼들은 순식간에 뛰어내려 엄마를 따라 호수나 계곡으로 이동한다. 우리는 바로 그 새끼들의 첫 날갯짓 장면을 카메라에 담기 위해 온갖 나무를 다 뒤졌다.

원앙 새끼들의 새벽 번지 점프를 촬영하려면 눈물 어린 관찰이 있어야 한다. 원앙은 워낙 민감한 새기 때문에 자신이 알을 낳아 놓은 나무에 사람이 올라간 모습을 보게 되면 알 품기를 포기하고 다른 곳에다 알을 낳는다. 우리는 암컷이 먹이를 먹으러 나간 사이에 들키지 않게 몰래 둥지 안에다 소형 마이크를 집어넣고 매일 소리를 들어 보았다. 만약 새끼가 알에서 깨어났으면 새끼들이 삑삑거리는 소리를 들을 수가 있기 때문이다.

온힘을 다해 첫 날갯짓하며 나무에서 뛰어내리는 새끼 원앙

그러기를 며칠, 마침내 스피커에서 삑삑거리는 소리가 들렸다. 새끼들이 태어난 것이다. 나무 등걸 속에 있는 새끼들은 무슨 일이 있어도 내일 새벽에는 번지 점프를 시도하니까 잽싸게 촬영 준비를 끝내야 한다. 일단 등걸 속에 감시 카메라를 설치하고 내부가 캄캄하니 자동차 배터리에 꼬마전구를 연결하여 둥지 가장자리에 설치했다. 그리고 모니터를 켜놓고 밤새 관찰했다.

처음에는 카메라와 조명에 불안해하던 어미는 얼마쯤 시간이 흘러 안정을 되찾았다. 어미는 새끼들을 불러올린 후 뛰어내리라는 소리를 내서 새끼들에게 둥지 속 바닥으로 뛰어내리는 훈련을 밤새도록 시켰다.

마침내 날이 밝아왔다. 어미는 둥지 위로 올라가 바깥을 살폈다. 이리저리 주변을 살펴보던 어미가 안전하다고 느꼈는지 간밤에 훈련한 대로 신호를 내 새끼들을 불러올리기 시작했다. 신호를 들은 새끼들은 줄줄이 위로 기어 올라와 둥지 입구 위에 앉았다.

"꽥꽥!"

바로 그때 어미가 신호를 주자 새끼들은 주저 없이 나무 밖으로 뛰어내렸다. 나무 앞 위장막 속에서 그 모습을 관찰하고 있던 카메라 감독과 나는 그 순간 깜짝 놀라고 말았다. 물론 간밤에 밤새도록 훈련을 했다고는 하지만 새끼들이 이렇게 머뭇거리지도 않고 잽싸고 과감하게 뛰어내릴 줄은 상상도 하지 못했던 것이다. '제대로 촬영이 되기나 한 걸까?' 하는 걱정도 들었다. 나중에 확인해 보니 새끼 한 마리가 처음 떨어질 때부터 바닥에 안착할 때까지의 장면이 제대로 찍힌 것이 있어 그나마 다행이었다. 덕분에 우리는 이 멋진 번지 점프 장면을 생생하게 보여줄 수 있었다.

나의 출세작,
〈어미새의 사랑〉

봄부터 시작한 촬영은 어느덧 가을을 넘어가고 있었다. 이제 남은 것은 편집이었다. 그런데 편집실 문을 열고 들어간 나를 기다리고 있는 것은 어마어마한 분량의 촬영 영상들이었다. 자연 다큐멘터리는 카메라로 그냥 찍는다고 뚝딱 만들어지는 것이 아니다. 그 영상 중에서 아름답고 쓸모 있는 영상을 골라내서 편집하는 과정이 필요하다. 촬영을 너무 열심히 한 나머지 편집실에는 무려 천 이백 개의 촬영 테이프가 쌓여 있었던 것이다.

계획대로 촬영에 성공한 것도 있었고, 계획과 달리 아예 못 찍은 영상도 있었다. 촬영 테이프를 다시 돌려 보면서 프로그램의 구성을 다시 조정해야 했다. 그리고 완성된 구성안에 맞춰 영상을 편집하는 작업에 들어갔다. 테이프를 돌려가면서 꼭 필요한 영상만 골라내어 120분으로 줄이는 데만 무려 3개월의 시간이 필요했다. 그래도 지난번 〈곤충의 사랑〉을 편집한 경험이 있었기에 그만큼이나마 시간을 줄일 수 있었다. 어렵사리 완성한 영상에 마지막으로 성우를 섭외해 내레이션을 입히고 자막과 음악을 깔았다. 그렇게 기획에서 촬영, 편집까지 프로그램이 모두 완성되는 데 꼬박 1년의 시간이 걸렸다.

다행히 그해 12월 총 2부작으로 방송된 〈어미새의 사랑〉은 한국의 시청자뿐 아니라 세계적으로도 좋은 호응을 이끌어냈다. '한국방송대상' 뿐만 아니라 '방송위원회 대상', 'ABU특별상', '아시아TV 우수상', '세계 야생생물 영상제 아시아 · 오세아니아 대상', '이달의 좋은 프로그램' 등을 한해에 다 수상하였으니 나의 출세작이라고 해도 과언이 아니었다.

촬영하기 힘든 뻐꾸기의 탁란 장면에 대한 사람들의 반응도 뜨거웠다. 심지어 이 프로그램이 방송된 다음날 나는 뻐꾸기시계를 만드는 한 회사 사장으로부터 심한 원망을 들어야만 했다. 그는 전화로 "왜 하필이면 이때 뻐꾸기 프로그램을 만들어서 나를 망하게 하느냐?" 하며 따져 물었다. 사연은 이랬다. 뻐꾸기가 이른바 다른 새의 둥지에 알을 낳아 번식하는 '고약한' 생태를 가진 새라는 것이 알려지자, 그동안 잘 팔리던 뻐꾸기시계가 안 팔릴 뿐만 아니라 사람들이 멀쩡한 시계까지 내다 버린다는 얘기였다. 그는 "당신 때문에 망했으니, 드라마 제작할 때 제발 뻐꾸기시계라도 소품으로 써주시오."라며 내게 부탁 아닌 부탁을 해왔다. 나도 일말의 도의적인 책임을 느껴 드라마를 제 작하는 동기 PD들에게 안방 소품으로 뻐꾸기시계를 써줄 것을 부탁 하는 수고를 아끼지 않았다. 또 그해 수상한 한국방송대상 상금으로 그 회사 뻐꾸기시계를 구입해 제작 관계자들에게 골고루 나누어 주어 미안한 마음을 조금이나마 덜기도 했다. 그리고 나머지 상금으로는 뻐꾸기 탁란 둥지를 찾는 데 결정적인 공헌을 한 오디오맨과 카메라 감독에게 일주일 간 하와이 여행을 갔다 오도록 했다.

아무튼, 이렇게 프로그램의 예상치 못했던 인기까지 얻으면서 나의 운명은 점점 더 자연 속으로 흠뻑 빠져들고 있었다. 더불어 이전에는 잘 알려지지 않았던 동물들의 사연을 하나씩 들춰내 시청자들에게 보여주고 싶은 PD로서의 욕심도 생겨났다. 나의 관심은 이제 하늘과 바다, 그리고 국경을 넘어 모든 생명들의 영역으로 뻗어나가기 시작했다.

^
^ ^

사라진
황새를
찾아서

　새들에 대해 알게 되면서 한국에서 살아가는 새들의 기구한 사연들도 접하게 되었다. 예전에는 그냥 지나쳤을 사실들이 언젠가부터 가슴 깊이 아프게 파고들었다. 대표적인 새가 바로 황새였다. 전 세계적으로 멸종 위기에 놓인 황새가 어이없는 죽음을 당했던 일이 있었다.

　1971년 4월 4일 오전 10시 10분. 충북 음성군 생극면 관성리, 저수지가 내려다보이는 산중턱에서 "탕, 탕, 탕!" 하는 소리가 들렸다. 마치 평화로운 고요를 질투라도 하듯 갑자기 울려 퍼진 총소리는 한국 땅에서 가까스로 그 맥을 이어오던 황새 한 쌍의 최후를 알리는 전주곡이었다. 국내에서 텃새로는 멸종된 줄로만 알았던 황새 한 쌍이 충북 음성에서 서식하고 있다는 보도가 나간 지 나흘 만에 이곳에 사냥하러 왔던 한 밀렵꾼이 저수지로 먹이를 잡으러 날아오는 수컷을 쏘아 죽이고 말았던 것이다.

당시 이 사건은 연일 각 신문 사회면 톱을 장식하며 떠들썩하게 다루어졌다가 서서히 세인들의 관심에서 사라져갔다. 그 후 홀로 남은 암컷은 자신을 끔찍이도 아끼고 사랑했던 관리인인 윤우진 할아버지가 노환으로 앓아눕자 윤 할아버지의 방이 내려다보이는 바로 길 건너 아카시아 나무에 둥지를 옮겨 짓고 살았다.

암컷 황새는 수컷이 죽은 저수지에 날아와서 우두커니 앉아 있다 윤 노인 집 둥지로 날아와서는 윤 노인을 내려다보곤 했고, 윤 노인도 그런 암컷 황새를 쓸쓸히 올려다보며 말년을 보냈다고 하는데 동네 사람들 얘기로는 마치 둘만이 통하는 무언의 대화를 하는 것 같다고 했다.

윤 노인이 죽고 난 뒤 암컷 황새는 '음성 과부 황새'라는 이름으로 해마다 무정란을 품다가 깨뜨려 버리는 안타까운 생을 살다 1994년 11월 30일 기네스북 공인 세계 최장수 황새라는 기록만을 남긴 채 서울대공원에서 숨을 거두었다. 수천 년 동안 우리 민족의 상징적인 새이자, 마을의 수호신으로 여느 새와 달리 영물로 대접받던 황새의 실낱같던 대가 끊긴 것이다.

사실 황새는 우리나라 전역에서 흔히 볼 수 있었던 텃새였다. 우리나라 동요나 민요에 새에 관한 것이 으뜸으로 많은데 〈한국민요연구〉

라는 책에 의하면 황새요는 이 중에서 일곱 번째로 많이 불리는 노래였다. 그리고 황새에 관한 속담, 황새 명칭이 붙은 지명(예를 들면 황새울, 황새골, 황새바우, 황새재 등등)이 전국 각지에 흩어져 있는 것만 봐도 황새가 얼마나 친숙한 동물인지 알 수 있다.

한편 〈연산군일기〉 제62권 13쪽에 보면 왕이 전교하기를 "각 도道로 하여금 황새를 잡아 올려 남은 종자가 없도록 하라." 하였다. 이유인 즉 왕이 일찍이 금표 안 사냥터에서 미행할 때 풀숲에 사람이 숨었다가 자신을 해칠까 늘 두려워하였는데, 하루는 저녁 때 말을 몰아 환궁하다가 밭 더덕에서 황새가 무엇을 쪼아 먹는 것을 잘못 보고 사람인가 의심하여 채찍을 쳐 급급히 돌아왔다고 한다. 나중에 사람을 시켜 살펴보니 바로 황새였다. 이로부터 황새를 매우 싫어하여 위와 같은 하교를 내렸다고 한다. 이렇듯 연산군 시절 대량 학살을 당하면서 그 수가 줄어들게 되었고 그 후 6·25 전쟁과 산업화를 거치면서 멸종 위기에 처해져 1968년 5월 30일 천연기념물 제199호로 지정되어 보호를 받아오던 새였다.

"왜 하필이면 황새를 쏘았습니까?"

이에 대한 대답을 듣고자 그 밀렵꾼을 수소문했지만 그는 황새를 쏘아죽인 몰지각한 인간이란 오명 속에서 괴로워하다 황새의 한을 안고 1992년 이 세상을 하직했다고 한다.

음성 과부 황새의 생전 모습

1996년, 나와 촬영 팀은 이 황새의 비극적인 운명이 바뀌는 것을 촬영하기 위해 수차례 러시아로 향했다. 이름 하여 '황새 복원 프로젝트'였다. 한국에서 멸종된 황새를 들여와 우리나라에 새로운 보금자리를 만들어 주는 프로젝트로, 한국교원대학교 황새 복원 연구 팀과 MBC가 공동으로 추진하는 황새 복원 계획이었다.

같은 해 7월 17일 오후 3시 러시아 하바로프스크 국제공항. 여느 때와 다른 풍경에 출국 수속을 하느라 바쁜 승객들의 눈길은 한곳으로 쏠렸다. 커다란 상자에 담긴 황새 한 쌍이 승객과 똑같이 출국 수속을 받고 있었던 것이다. 여권 대신 러시아 환경 위원회와 제네바에 있는 '사이테스CITES(멸종 위기에 처한 동식물의 국가 간 거래에 관한 협약)' 본부에서 발행한 반출 허가장이 제시되고 나서야 출국이 허락되었다. 로비에서는 많은 승객들이 호기심 어린 눈초리로 기웃기웃 구경하고, 우리는 기념 촬영 하려는 카메라 플래시에 혹시 황새들이 놀라지나 않을까 조마조마한 마음으로 그 광경을 지켜보고 있었다.

이윽고 오후 4시 서울행 아시아나 항공 OZ571 편이 서서히 날아오르고 아무르 강 푸른 습지가 내려다보이자 나의 두 눈에는 벅차오르는 감격으로 뜨거운 눈물이 흘러내렸다. 이제는 우리의 하늘을 날게 될, 국내에서 멸종되었던 황새의 대를 이어갈 새끼들 한 쌍 위로 황새를 촬영하기 위해, 그리고 황새 새끼를 국내로 반입하기 위해 겪어야 했던 일들이 주마등처럼 지나갔다.

중국과 러시아의 국경을 따라 흐르다 오호츠크 해로 빠져나가는 아무르 강 유역(흑룡강 유역으로 옛날에는 고구려·발해의 영토였던 곳)에 끝없이 펼쳐진 습지는 바로 동양 황새가 번식하는 세계적 조류 서식지이다. 또한 우리나라와 중국 등지에서 겨울을 나고 돌아가는 온갖 철새들의 고향이자 낙원이기도 하다. 겉으로 보기에는 아름다운 이곳, 날마다 그 아름다운 경관이 새롭게 변하는 이곳은 인간의 발길을 철저히 거부하는 곳이다. 그렇게 인간의 접근을 어렵게 하기 때문에 철새들의 낙원으로 이어져 내려오는 것이 아닌가 싶었다.

끝없이 펼쳐진 습지 중간중간에 자작나무 군락이 있고 그 자작나무 꼭대기에 황새는 커다란 둥지를 튼다. 그러므로 습지 한가운데에 있는 황새 번식지를 찾아가려면 가슴까지 차오르는 장화를 신고 무거운 촬영 장비를 짊어지고 허리까지 빠지는 진흙탕 물을 헤치며 보통 4~5Km는 걸어가야만 했다. 게다가 황새는 경계심이 너무나 강해 자신의 둥지로 다가오는 촬영 팀을 멀찍이서 관찰하다 둥지 멀리 날아가서는 좀처럼 돌아오려 하지 않았다. 이럴 때는 어쩔 수 없이 다시 뒤로 철수해야만 했다. 왜냐하면 3시간 정도 시간이 경과해도 어미가 알을 품어 주지 않으면 둥지 속의 알이 식어 버려 부화가 되지 않기 때문이다.

허리까지 빠지는 진흙탕 물은 차라리 시원해서 좋았다. 촬영 팀은 무자비하게 달려드는 시베리아 모기와 끝없는 전쟁을 치러야 했고, 머리를 물면 순식간에 울퉁불퉁해지고 진물이 나게 하는 쇠파리에 시달려야만 했다. 매번 촬영에서 돌아온 후 몸의 은밀한 곳 어딘가에 달

커다란 나무 상자 속에 황새를 넣어 실어오고 있는 모습(위)
황새가 커다란 날개를 펴서 새끼에게 그늘을 만들어 주고 있는 모습(아래)

라붙어 있을지도 모르는 진드기를 잡아내기 위해 발가벗고 수색을 벌여야 했다. 어쩌다 진드기 한 마리라도 발견되는 날이면 밤새 뒤척이며 잠 못 이루기도 했다. 진드기에 물리면 풍토병에 걸려 심하면 목숨까지 잃는 경우도 종종 있다고 하니 잠이 올 리 없었다.

이 모든 과정을 거쳐 이렇게 무사히 촬영도 마치고 황새 새끼 한 쌍도 기증받아 가지고 돌아갈 수 있다니 정말 꿈만 같았다. 날렵한 자태, 신비로운 눈동자, 역동적인 비행 모습, 그리고 한낮에 뜨거울 때면 암수가 번갈아 새끼들의 가운데에 서서 마치 양산처럼 햇볕을 가려주고 인근 호수에서 부지런히 물을 머금고 와서 물을 퍼부어 주던 헌신적인 사랑. 그런 황새를 볼 때마다 매번 새로운 감동을 받았는데 마음속 한편에는 걱정도 없지 않았다.

'그런데 이놈들이 한국 땅에서 제대로 뿌리를 내릴 수는 있는 걸까?'

나는 의문을 품으며 옆 좌석의 한국교원대학교 김수일 교수를 쳐다보았다. 그의 눈에도 작은 이슬이 맺혀 있었다. 그의 굳게 다문 입과 표정에서 황새 복원 계획의 의지를 엿볼 수 있었다.

지금은 고인이 되신 김 교수는 1971년 음성 황새 사건 당시 대학원생으로서 많은 관심을 가지고 있었고 그 내력을 잘 알고 있기에 언젠가 자신의 손으로 멸종된 이 땅의 황새를 복원하겠노라는 굳은 결심을 했다고 한다. 그는 이 꿈을 이루고자 미국으로 유학을 가서 황새 복원 작업에 실질적으로 도움을 줄 수 있는 국제 조류학계의 권위 있는 분들과 친분을 다지고 끝없는 교류를 하고 있었다. 국제두루미재단의 조지 아치볼드 회장이나 러시아 사회과학원의 세르게이 스미렌스키 박사 같은 분의 헌신적인 도움과 지원으로 황새 복원 작업의 첫걸음을 디디게 된 것도 결코 우연한 일이 아니었다.

한국의 생태학자들은 이렇게 황새 복원 프로젝트의 첫 발을 힘차게 내디뎠다. 그 후 20년의 시간 동안 이 땅에 텃새로서 정착시키려는 어려운 작업들을 병행하고 있다. 인공 번식을 성공시키기 위해 인공 습지를 조성해서 적절한 번식지도 만들었고, 이제 20년 전 2마리에서 시작된 황새는 150마리까지 개체수를 늘렸다. 앞으로는 인공 사육된 황새가 자연환경에 잘 적응할 수 있도록 적절한 재교육 프로그램을 실시해 황새들을 자연으로 완전히 되돌리는 작업이 남아 있다.

자연이 사라지는 데 걸리는 시간은 짧지만, 그것을 다시 복원하는 데는 수십 배의 노력과 시간이 든다. 이렇게 오랜 기간을 거쳐 이루어지는 황새 복원 작업은 자연을 훼손한 인간으로서의 최소한의 예의며 파괴된 환경으로 인해 피해를 본 자연 생태계에 대한 최소한의 사례일 것이다.

^^^

저어새의
꿈

까만 주걱 같은 입을 가진 하얀 새. 얕은 개울이나 물 빠진 갯벌에서 새우나 작은 물고기를 이 주걱 같은 입을 좌우로 내저어 잡아먹는다고 '저어새'라고 이름 붙여진 천연기념물 제206호. 부리와 얼굴이 검어서 '검은 얼굴의 댄서'로, 북한에서는 '검은뺨저어새'로 불리기도 한다. 기록에 따르면 저어새는 20세기 초반만 하더라도 흔히 볼 수 있었던 새라고 한다.

오늘날 저어새는 단지 동아시아 지역에서만 7백여 마리 살아남아 있는 것으로 조사되었다. 그런데 멸종 위기에 처한 세계적인 희귀 새가 바로 남북한이 대치하고 있는 서해안 비무장 지대의 무인도에서 번식하고 있다는 사실이 알려졌다.

특히 강화도 교동도와 멀리 북한 쪽 황해도 연백군 사이로 보이는 역섬에는 최대 60쌍의 저어새가 번식하고 있는 것이 관찰되어 서해 안 최대의 번식지로 알려졌다. 또한 예전 여름철 홍수 때 북한으로부 터 떠내려 온 황소를 구사일생으로 구출해 남한의 암소와 혼인을 시 켜 화제를 불러일으켰던 경기도 김포군 유도에서는 20여 쌍이 관찰되 기도 했다. 그리고 강화에서 서쪽으로 30km 정도 떨어져 있는 석도 에서도 10쌍 정도가 번식한 것으로 관찰되었다.

2000년대가 시작되고 첫 프로젝트로 나는 세계적 희귀종이자 남북 한의 한가운데에서 살고 있는 이 저어새를 카메라에 담기 위한 촬영 을 시작했다. 프로그램 제목은 〈저어새의 꿈〉이었다. 하지만 저어새가 비무장지대를 중심으로 서식하기 때문에 촬영이 결코 쉽지 않았다. 저어새가 남북이 대치하고 있는 서해안 비무장 지대의 무인도에서 번 식하는 것은 사람을 비롯한 천적들의 간섭이 거의 없고 썰물 때 드러 나는 방대한 갯벌에 풍부한 먹이가 살고 있기 때문이다. 이곳에 인간 이 접근할 수 없음을 어떻게 알았을까, 참 신통하단 생각이 들었다.

특히 위에 나열한 섬 중에서 접근이 가능한 섬은 석도인데 이곳도 휴전 이후 민간 선박이 가본 적이 없는 민간인 통행금지 구역 안에 있 었다. 그러므로 이곳에 들어가려면 많은 난관을 헤쳐가야 했다.

우선 민간인 통행금지 구역인 관계로 국방부의 허가를 받아야 함은 물론이고 이 해역을 지키고 있는 해군 인천 해역 방어사령부, 그 상급

부대인 해군 사령부, 석도 경비를 담당하고 있는 해병대의 허가를 얻는 데만도 족히 한 달이 걸렸다. 게다가 그 허가 조건도 무척 까다로워 차라리 가지 말라는 말과 똑같았다.

군에서는 GPS(위성추적항법장치)와 레이더를 장착한 배를 이용해야만 허가를 내줄 수 있다는 것이었다. 게다가 오전에 석도에 들어가 오후 5시에 철수하는 조건이었다. 오전 9시에 출발하여 부지런히 달려가도 3시간이 족히 걸리는데 도착하자마자 얼마 안 있어 철수해야만 하니 기가 막힐 노릇이었다.

그나마 위와 같은 장치를 모두 장착한 배는 별로 없을 뿐더러 있다 해도 선주들은 갈 수 없다고 고개를 절레절레 흔들었다. 지금이 바로 꽃게잡이 철인데 미쳤다고 그런 곳에 가느냐는 것이었다. 꽃게를 잡으면 하루에 5백만 원은 너끈히 벌 수 있는데 하루 배 임대료 40만 원을 받고 어떤 사람이 가겠냐는 말이었다.

그래도 인천과 강화에 적을 두고 있는 배의 선주들을 만나 설득과 애원을 한 끝에 지성이면 감천이라고 강화도 외포리에 적을 두고 있는 대양호 선장이 기꺼이 도와주겠다고 나서 주었다. 덕분에 우리는 섬에 들어갈 수 있게 되었다.

어찌 이보다 더한 기쁨이 있으랴마는 커다란 기대를 걸고 숨차게 3시간을 달려 드디어 석도에 도착해 보니, 이게 웬일인지 저어새 새끼들은 부화된 지 오래된 듯 몸 크기가 이미 어미 크기만큼 자라 이리저리 날고 있었다. 이정도 크기라면 이미 두 달 전에 부화가 이루어졌다

비도에 모여 앉아 있는 가마우지와 저어새들

짝짓기 철을 맞아 목에 노란 번식 깃털이 나 있는 저어새

고 봐야 했다. 어쩔 수 없이 한 번도 기록된 적 없는 저어새의 번식 생태를 촬영하기 위해서는 1년 후를 다시 기약해야만 했다.

• • •

다음해 촬영 팀은 연초부터 미리 준비를 시작했다. 다행히 국방부 측으로부터 강화도와 석도를 왕래할 필요 없이 석도 바로 옆 우도에 주둔하고 있는 해병대 막사에서 야영할 수 있는 허가를 받아냈다. 그리고 강화군청 소속의 행정 지도 선박을 편승할 수 있는 허가도 받아냈다. 관련된 분들의 우호적인 협조 덕에 우리는 다행히 포란에서 새끼 기르기까지의 저어새의 번식 생태를 옆에서 제대로 촬영할 수 있게 된 것이다. 자연 다큐멘터리 촬영도 그렇고, 자연을 보존하는 것도 그렇고 사람들의 협조는 많은 것을 바꿔놓는다. 저어새의 생태를 지켜보면서 느꼈던 것도 바로 그것이었다.

저어새는 북한 평안북도의 대감도와 서감도, 평안남도의 덕도, 남북한 사이의 서해안 비무장 지대의 무인도 등지에서 번식한 뒤, 10월 쯤 한국의 서해안 갯벌이나 중국 동부 해안의 갯벌을 따라 남쪽으로 내려가다 11월에 일본, 중국, 대만, 홍콩, 베트남 등으로 날아가 월동을 한다.

특히 대만 남부 타이난 시의 쳉웬 강 하구에 있는 치구 지역은 저어새 월동지로 유명하다. 약 4백 50여 마리가 모여 이곳에서 겨울을 나는데 이 지역 일대에는 수많은 양어장이 있다. 이곳은 저어새가 살아가기엔 천혜의 장소인 것이다.

하지만 몇 년 전까지만 해도 양어장 주인에게는 저어새가 그렇게 미울 수가 없었다. 그래서 월동 차 찾아오는 저어새를 쫓거나 해코지까지 하기도 하여 이를 보호하려는 정부 당국과 환경 단체와의 끝없는 마찰과 충돌을 일으켰다.

그러던 중 정부 당국과 환경 단체가 어민들에게 합리적인 보상을 해주는 조건으로 저어새가 양어장에서 먹이를 섭취하는 것을 용인하게 되었고, 지금 이곳은 유명한 저어새 자연 생태 관광지가 되어 전 세계적으로 많은 관광객이 찾아오고 있다.

타이난 시를 상징하는 새도 물론 저어새가 되었다. 그리고 환경 단체에서는 저어새를 상징으로 이용한 상품과 도감, 엽서, 기념품, 인형, 티셔츠 등을 관광객에게 판매한 이익금을 어민들의 보조금으로 지급하거나 저어새 보호 기금으로 사용한다.

타이난 시의 저어새 서식지 주변에서는 멀찍이 설치된 조망대에서만 관찰 촬영이 가능하다. 서식지 가까이는 아무도 들어가지 못하게 한다. 자칫 좀 더 가까이 촬영하기 위해 접근하려면 주민들에게 어김없이 제지를 당하고 만다. 어떻게 보면 이 지역 주민들이 거의 다 저어새 보호 요원이라고 해도 과언이 아닐 것이다.

그도 그럴 것이 이 지역 환경 단체에 소속된 자원 봉사자들은 인근의 유치원이나 초등학교에 수시로 찾아가 저어새의 희귀성 및 그 존재의 귀중함에 대한 교육을 실시하는 한편 저어새 순회 사진전을 열어 저어새에 관한 관심을 지속적으로 고취하고 있다.

우리나라에서는 저어새의 번식지인 무인도를 포함해서 각종 철새들의 집결지인 강화도 서쪽 갯벌 일대 1억 3천 6백만 평, 즉 여의도 면적의 50여 배에 이르는 갯벌을 천연기념물 제419호로 지정해 개발을 제한하고 있다. 저어새를 비롯한 이곳에 모이는 철새에게는 다행스런 일이기는 하나 이곳을 생활 터전으로 삼고 살아온 주민들의 반발은 무척 거세다. 아무리 천연기념물로 지정해 놓아도 이들이 서식하는 지역 주민의 적극적인 참여 없이는 별 효과가 없는 것이다. 세계 최대의 저어새 월동지인 대만의 쳉웬 강 하구 지역 주민들의 노력이 얼마나 컸는지 역설적으로 느낄 수 있었다.

갯벌의 멋쟁이
검은머리물떼새

1917년 영산강 하구 작은 모래섬에서 2개의 알이 발견된 이후 1971년에 강화도 서쪽에 위치한 무인도 대송도에서 첫 번식이 확인된 아름다운 새, 검은머리물떼새. 검은 머리와 검은 등, 눈처럼 흰 배에 붉은 부리와 긴 다리를 갖고 있어 갯벌의 멋쟁이라 불리는 이 새는 천연기념물 제326호로 지정 보호되고 있다.

전라남도에서 강화도까지 서해안에서 번식하는 이 새는 겨울이 오면 한곳으로 모여든다. 바로 '유부도'다. 이 섬은 충청남도 장항읍과 전라북도 군산시가 경계를 이루는 금강 하구의 조그만 섬으로 행정구역상 충남 서천군 장항읍 송림리에 속해 있다. 충남보다는 오히려 전북 군산에 더 가까이 붙어 있는데 군산항에서 작은 배로 5분 정도의 거리에 위치해 있다.

0.77km² 크기에 주민은 25가구, 50여 명이 살고 있는 작은 섬이다. 정기 여객선도 없고 얼마 전까지도 자체 발전기를 돌려 전기를 공급했던 도심 곁의 오지다. 이 작은 섬에 살고 있는 주민들은 주변에 널리 퍼져 있는 갯벌에서 고막, 죽합, 생합 등 조개류를 채취하거나 물고기를 잡아 살아가고 있다.

그런 유부도에 많은 수의 검은머리물떼새가 서식하는 중요한 이유 중 한 가지는 바로 번식할 때 필요한 먹이가 풍부하기 때문이다. 이곳에는 갯지렁이도 풍부한데, 특히 어린 새를 기르는 검은머리물떼새에게 갯지렁이는 절대적인 먹이가 된다. 이 새의 이름을 잘 모르는 주민들은 까치를 닮았다고 해서 '물까치'라고 부르기도 한다.

이곳 유부도 주민들은 물때에 따라 생활한다. 물이 빠지면 일을 하고 물이 들어오면 일을 끝낸다. 유부도 주민들은 겨울에 물이 빠지면 죽합(맛 종류로 맛보다 크다.)을 잡는데 발로 모래펄을 두드리면 작은 구멍이 생기고 그 구멍에다 화살촉 같이 뾰족한 철사를 집어넣어 잡아낸다.

재밌는 것은 검은머리물떼새도 마찬가지라는 점이다. 검은머리물떼새도 부리를 모래펄에 넣어 조개를 꺼내 그 틈을 벌린 후 속을 꺼내 먹는데 그 기술이 대단하다. 이 녀석들이 조개 속을 꺼내 먹는 모습을 보고 있노라면 저절로 감탄사가 나온다. 작은 조개는 통째로 먹고 갯지렁이도 곧잘 잡아먹는다. 물이 빠지면 검은머리물떼새는 조개를 잡는 데 열심이고 일부 쌍을 이룬 녀석들은 구애를 하기도 한다. 구애를 할 때는 높은 톤의 강한 소리를 내며 고개를 아래로 구부리고 땅을 보며 걷거나 뛰다가 날아다니기도 하는데 이 모습은 상대에게 경계를 할 때도 보이기도 한다. 때때로 수컷이 암컷을 찾아 이리저리 구애 행동을 하다 다른 수컷에게 쫓겨나기도 한다.

3월 하순이 되면 쌍을 이룬 검은머리물떼새는 서서히 이곳을 떠난다. 유부도 주변에 널리 퍼져 있는 조그마한 무인도에서 둥지를 틀기 위해서다. 이 녀석들은 섬 주변을 돌며 구애를 하며 둥지자리를 보고 알을 낳으려고 이곳에 접근하는 다른 쌍을 쫓아낸다. 이때는 섬이 무척 소란스러워지고 이러한 행동은 알을 낳을 때까지 되풀이된다.

경험이 많고 힘센 녀석들은 비교적 높고 안전한 곳에 둥지를 틀고 경험이 적은 신참들이나 약한 녀석들은 낮고 위험한 곳에 둥지를 튼다. 그러다 보니 사리 때 물이 많이 밀려들면 둥지와 알이 고스란히 쓸려버리고 만다. 그래서 이런 쓰라린 경험을 한 녀석들은 기를 쓰고 안전하고 높은 곳을 차지하려 싸우는 것이다.

유부도에서는 매년 우리나라 서해안에서 번식하는 개체들뿐만 아니라 북한과 중국에서 번식하고 모여든 5,000마리의 검은머리물떼새가 날아와 주민들과 함께 겨울을 보낸다. 전 세계에서 번식하고 있는 검은머리물떼새 중 절반이 이곳에서 월동하는 것이다.

나는 이 희귀종의 생태를 카메라에 담기 위해 유부도로 들어갔다.

그런데 이 근처에는 뭔가 심상치 않은 일들이 벌어지고 있었다.

왜 이렇게 많은 새들이 이 작은 섬으로 몰려드는 것일까? 얼마 전만 해도 유부도에 검은머리물떼새가 이렇게까지 많이 모이지는 않았다고 한다. 그런데 바로 인근의 새만금 방조제 사업이 시작되면서 새들이 먹잇감을 찾아 이곳으로 몰리기 시작했다고 한다. 문제는 유부도 주변 제방의 영향으로 물길이 바뀌면서 이 주변도 이미 모래가 쌓이고 펄이 생겨나고 있다는 점이었다. 게다가 사방에서 몰려드는 쓰레기를 보고 있노라면 이 섬에서 월동을 하고 있는 검은머리물떼새가 안쓰럽기만 했다.

이 녀석들이 둥지를 트는 무인도는 밀물 때 바닷물에 잠기고 썰물때 드러나는 곳이다. 그래서 촬영을 하려면 썰물 때 리어카에 촬영 장비를 싣고 끌고 간 후 일일이 짐을 지고 옮겨야만 했다. 밀물 전까지 촬영을 마치면 다시 같은 요령으로 철수해야 하지만, 자칫 때를 놓치면 무인도에서 텐트를 치고 자야만 했다. 때가 됐다고 밥을 해먹을 수도 없고 휴대하기 간편한 마른 음식인 생라면이나 초콜릿으로 물과 함께 때워야만 했다.

그렇지만 이보다 더 괴로운 것은 바람만 불면 날리는 가는 모래였다. 이 모래가 카메라 안으로 들어가면 잘 돌아가던 카메라 헤드가 서버리고 마니, 눈앞에 촬영할 것은 많이 있는데 눈만 멀뚱멀뚱 뜨고 바라만 보고 있는 그 심정은 말로 다 할 수 없었다. 그렇지만 진짜 허망한 일은 이 귀한 갯벌의 멋쟁이들이 번식하고 월동하는 이곳 유부도와 봄과 가을에는 희귀 새인 넓적부리도요와 알락꼬리마도요, 목도리도요 등 호주와 시베리아를 오가는 수천 수만 마리의 물새들이 찾아와 먼 길을 떠나기 전 휴식과 에너지를 채우는 이 주변의 넓은 갯벌이 점점 위협받고 있다는 점이다.

'왜 우리는 소중하고 영원한 생명의 터, 갯벌을 자꾸 없애려 드는가!'

머릿속에서는 자꾸 이 말이 맴돌았다.

3장

야생을 지배하는
30퍼센트 황금 법칙

^
^
^

한국에서 아프리카까지,
참 멀고도
험난하구나

지금 생각해도 그때는 정말 꿈만 같았다.

한일 월드컵이 열리던 해인 2002년, 나는 카메라맨과 조연출 등 다섯 명의 스태프와 함께 월드컵보다 더 흥분되는 무언가를 찾아 한국과 정반대에 있는 아프리카로 떠났다. 무려 6개월이라는 긴 일정을 안고서 말이다.

이름만 들어도 설레는 세렝게티! 아프리카 동부 탄자니아에 위치하고 있는 국립 공원으로, 사람이 존재하기 이전부터 사자, 치타 같은 육식 동물과 가젤, 누 등 초식 동물들이 한데 어우러져 살아가고 있는 곳. 수많은 동물들이 자연 그대로의 환경에서 생활하고 있어서 사람들은 오래 전부터 그곳을 '야생 동물의 천국'이라고 불러왔다.

자연 다큐멘터리를 제작하는 PD가 된 후로 나는 언젠가 한 번 꼭 이곳에 와서 다큐멘터리를 찍고 싶다는 꿈을 키워 왔었다. 사실 자연 다큐멘터리에 천착하는 동안 나는 외국 프로그램에서나 볼 수 있는 아프리카의 열대성 야생 동물에 관한 자연 다큐멘터리를 제작해 보고 싶은 욕심이 있었다. 아이들이 좋아하고 많은 관심을 가지고 있는 아프리카 동물 프로그램이 모두 수입 일색으로 외국에서 제작된 것이라는 사실을 환기할 때마다 나는 자연 다큐멘터리를 제작하는 PD로서 부끄러웠다. 우리가 직접 만든 프로그램을 우리나라 시청자들에게 보여주고 싶은 마음이랄까. 그러던 차에 세계 3대 커피 중의 하나인 킬리만자로 커피 무역 사업을 위해 아프리카 탄자니아에 진출해 있던 한 교민으로부터 귀가 솔깃해질 만한 제안이 들어온 것이다.

그는 자신이 탄자니아 관광청장을 잘 아는데 한국에서 이곳 세렝게티 국립 공원에 와서 자연 다큐 프로그램을 제작해 한국 내에서 방송하면 촬영 허가뿐만 아니라 촬영 비용을 면제해 주겠다는 내용이었다. 세렝게티 국립 공원에 주로 백인들만 사파리 관광을 오는데 아시아권 특히 한국, 일본, 중국 사람들이 관광객으로 더 많이 오기를 바란다는 이유에서였다. 파격적인 제안이었다. 나는 내부적으로 끈질긴 설득을 거쳐 결국 이 프로젝트를 진행하라는 허락을 받아냈다.

과연 앞으로 어떤 일들이 펼쳐질까? 이미 이곳을 배경으로 영국의 방송국 '비비씨BBC'나 세계적으로 유명한 자연 다큐멘터리 전문 제작

사인 '내셔널 지오그래픽National Geographic 등이 〈동물의 왕국〉, 〈자연은 살아있다〉 같은 수많은 프로그램들을 찍어왔다. 호언장담을 하고 오긴 했지만, 막상 떠나려니 과연 우리가 이들보다 더 멋진 화면과 새로운 내용을 카메라에 담아올 수 있을까 하는 걱정이 머리를 가득 채웠다.

한편으론 동물들을 쫓아다니면서 그들과 숨바꼭질하며 앞으로 어떤 난관과 어려움이 있을지 모르지만 그 또한 즐기고 즐기리라, 다짐했다.

• • •

"라면은 빼!"

다음날 아침, 커다란 포부를 갖고 집을 나섰으나 우리 제작 팀이 공항에서 제일 먼저 한 일은 어이없게도 여행 가방에서 라면을 뺀 일이었다.

한국에서 머나먼 아프리카까지 가서 몇 개월 동안이나 집을 떠나 촬영한다는 것은 보통 일이 아니었다. 먼저 촬영을 위해서 챙겨야 할 짐이 엄청났다. 장비는 따로 짐으로 부친다고 해도, 옷가지, 라면 등 당장 입고 먹고 할 것들을 챙기는 데도 짐이 너무 많았던 것이다. 결국 공항에서 1인당 허용되는 무게를 넘어서고 말았다. 외국에서 이렇게나 오래 촬영을 위해 머문 적이 없었기 때문에 발생한 일이었다.

'첫 출발부터 심상치 않은걸?'

결국 우리는 라면 상자를 모두 덜어내고 중요한 물품만 가지고 비행기에 몸을 실었다.

한국에서 아프리카까지 가기 위해서는 유럽을 거쳐야 한다. 한국을 출발한 비행기는 아시아를 가로질러 저녁에서야 네덜란드에 도착했다. 거기서 하룻밤을 자고, 다음날 아침 또다시 아프리카 행 비행기에 올라탔다. 그렇게 5~6시간 정도 지나자 비행기는 어느 새 지중해를 거쳐 아프리카 대륙의 사하라 사막 위를 날고 있었다. 사막 위만 3시간 이상을 날았으니 사하라 사막은 얼마나 거대한 땅인지……. 아프리카 대륙에 온 것이 조금씩 실감나기 시작했다.

드디어 밤 9시 30분, 우리 일행은 탄자니아의 킬리만자로 공항에 도착했다. 한국에서 출발한 지 거의 이틀 만에 왔으니, 정말 멀고도 험난한 여정이었다. 그래도 이제 곧 세렝게티의 동물들을 만날 생각을 하니 가슴 한 편이 벅차올랐다.

• • •

하지만 킬리만자로 공항에 도착한 지 일주일이나 지나서야 우리는 겨우 세렝게티에 도착할 수 있었다. 출발할 때 함께 부친 방송 장비가 너무 늦게 도착했고, 서류상의 문제가 해결이 안 되어서 입국 수속을 밟는 데만 며칠이 걸렸기 때문이었다.

아프리카라는 낯선 환경인데다 우리와는 일을 처리하는 문화가 달라서 일어난 일이었지만, 소중한 며칠을 허송세월로 보낸 것에 대해 안타까운 마음이 들었다.

'앞으로 이런 일이 많이 일어날 거야.'

이렇게 생각하면서 마음을 다잡았다.

사실 이런 일들은 현지 사람들을 알아가는 중요한 과정이기도 하다. 어차피 다큐멘터리를 찍는 것은 현지 사람들의 협조 없이는 불가능한 일이기도 하다.

'세렝게티'라는 말은 이곳 원주민인 '마사이' 부족의 말로 '끝없는 초원'이란 뜻이다. 현지 가이드 말로는 원래 이곳은 마사이 부족의 땅이었으나 수십 년 전 탄자니아 정부가 부족으로부터 이 땅을 빌려서 국립 공원으로 지정했다고 한다. 대신 그곳에 살던 원주민은 근처 '응고롱고로' 지역으로 이주시켰다. 그 후 정부에서는 마사이 부족들에게 병원을 지어주고 생활 보조금을 지급하고 있다고 하는데, 국립 공원 입장료 25달러 중 마사이 부족에 대한 지원금이 포함돼 있다고 한다.

국립 공원 지정 당시에는 마사이 부족의 반발이 심했지만, 지금은 세계 최대의 자연 국립 공원으로 거듭나 세계 각국에서 많은 사파리 관광객이 다녀가기도 하는 곳이 되었다.

이곳 세렝게티는 지구상에서 매년 수백만 마리의 누와 얼룩말이 떼를 지어 이동하는 모습을 볼 수 있는 유일한 장소이며, 그 외 각종 초식 동물과 육식 동물이 나름대로의 건전한 먹이 사슬을 형성하며 살아가는 곳이다.

사실 국립 공원을 자연 그대로 보존하려는 탄자니아 정부의 노력이 없었다면 이와 같은 보존은 아마 불가능했을 것이다. 정부에서는 초등학생부터 중고등학생, 그리고 여러 부락민과 마사이 부족들에게 수시로 환경 교육을 하고 있고, 총으로 무장한 국립 공원 경찰들이 혹시 있을지 모를 밀렵을 감시하기 위해 순찰을 돌고 있다고 한다. 관광객들도 특별히 지정된 보호 지역 외에는 접근을 못하도록 막고 있고, 이를 어길 시 상당한 벌금을 물 뿐만 아니라 차를 운전한 관광 가이드도 3개월 동안 공원 출입이 금지 당한다고 한다.

물론 우리 촬영 팀도 이런 규정을 따르면서 촬영에 임해야 하니, 촬영이 결코 쉽지만은 않겠구나 하는 예감이 스쳤다.

^ ^
^

조심해!
한번 물리면 끝장인
초록뱀의 공포

드디어 우리는 첫 공식 촬영을 시작했다.

해도 뜨지 않은 새벽 5시 30분. 촬영 팀은 일찌감치 일어나 촬영 준비를 했다.

촬영 장비를 챙겨 깜깜한 초원을 가로질러 가자 조용하고 거대한 초원 사이로 오로지 차 소리만이 덜컹덜컹 울려 퍼졌다. 달리는 차 소리에 놀라 혼비백산 날갯짓을 하는 매와 유럽황새들이 동물들의 새벽잠을 깨웠다.

얼마 지나지 않아 서서히 아침 해가 밝아 왔다. 초원 너머에서 해가 떠오르는 풍경은 참으로 아름다웠다.

'이토록 감동적인 풍경을 앞으로 매일같이 보게 되겠구나. 물론 사자와 치타와 얼룩말도 함께……'

이런 생각에 벌써부터 마음은 잔뜩 부풀어 올랐다. 물론 고난, 기다림, 끝도 없는 행군이 이어지겠지만 앞으로의 날들이 기대됐다.

차는 지평선 너머로 끝도 없이 펼쳐지는 초원을 한참을 가로질러 갔다. 몇 시간 후 우리는 드디어 저 멀리서 이동 중인 거대한 누 떼를 만났다.

"감독님, 저기 좀 보세요! 정말 대단하네요!"

"어서 카메라로 찍어요, 찍어!"

우리 제작 팀은 난생 처음 보는 광경에 흥분해서 누가 먼저랄 것도 없이 이 멋진 광경을 카메라에 담기 시작했다. 그런데 갑자기 이게 무슨 일인가! 누 떼가 이동하는 방향을 따라 함께 가려고 했는데, 갑자기 차가 움직이지 않는 것이었다. 시동을 켠 채로 촬영을 하게 되면 카메라가 흔들리기 때문에 촬영할 때는 반드시 시동을 꺼야 되는데, 한번 시동을 끄면 다시 걸리지 않는 것이었다. 기사인 잭슨 말로는 배터리가 오래되어서 그렇다는 것이다. 누 떼는 벌써 저만큼 이동했는데 차가 꼼짝도 하지 않으니, 카메라맨은 화가 나서 어쩔 줄 몰라 했다.

"첫 촬영부터 이게 뭐야!"

나도 속으론 화가 났지만, 화를 낸다고 차의 시동이 걸릴 것도 아니지 않는가?

"이제 시작일거야! 액땜했다고 생각하자고!"

한참을 고생 끝에 겨우 시동을 걸어 다른 곳으로 가고 있는데, 이번에는 기름이 바닥나고 있었다. 결국 촬영을 접고 그만 철수하는 수밖에 없었다. 오는 도중 치타라도 찾을까 싶어 고개를 기웃거리며 주변을 살펴보았지만 어디에 숨었는지 고양이 꼬리조차 보이지 않았다.

엎친 데 덮친 격으로 갑자기 하늘에선 아프리카의 소나기인 스콜이 세차게 쏟아졌다. 순간 무더웠던 초원의 열기는 사라지고 사방은 순식간에 서늘한 기운으로 가득 찼다.

비를 쫄딱 맞고 숙소에 도착한 우리 일행의 첫 촬영은 이렇게 허무하게 끝나고 말았다.

. . .

아프리카의 세렝게티는 한국과 반대로 남반구에 위치하고 있어서 계절도 한국과는 정반대였다. 2월인데도 세렝게티는 한국과 달리 연일 더운 여름 날씨였다.

해발 1,700미터 정도 되는 높은 고원 지대라서 그런지 해가 없는 아침저녁으로는 선선해서 그런대로 지낼 만했다. 그런데 해가 뜨기 시작하자 주위는 금세 뜨겁게 달궈져 버렸다. 오전 10시쯤 되면 그냥 그늘에서 쉬고 싶단 생각이 들 정도였다.

또 밤에 잠은 텐트에서 자야 하는데, 그것도 만만치 않았다. 처음에는 하루 종일 힘들게 돌아다니다 밤에 텐트에 다리 뻗고 누우니 안방에 누운 것처럼 편안했다. 몸도 너무 지치고 힘들어 바로 잠에 곯아떨어지곤 했다. 하루 이틀은 학창 시절에 캠핑을 가서 텐트에서 자던 생각이 나 꽤 낭만적으로 느껴지기까지 했다. 그런데 새벽만 되면 기온이 뚝 떨어지는 바람에 날마다 몸을 웅크리고 새우잠을 자야 했고, 그러다 보니 아침에 일어나 보면 어깨가 뻐근해지는 것은 다반사였다. 어떨 때는 텐트 가까이에서 암사자를 찾는 수사자의 울부짖는 소리가 들려 선잠을 번쩍 깨기도 했다.

'아, 여기가 아프리카지! 설마 바로 옆으로 사자들이 오는 건 아니겠지?'

그럴 때면 선뜩한 기분에 괜히 혼잣말을 하며 벌떡 자리에서 일어나기도 했다.

우리의 기상 시간은 5시였다. 숙소에서 촬영지까지 가려면 무려 한 시간 반이나 걸리니 6시에는 출발해야 한다. 세렝게티에서는 매일 아침 7시 40분에 해가 뜨는데, 야생 동물들은 해가 뜨기 직전에 활동하기 시작해서 해가 뜨고 본격적으로 더워지기 시작하면 나무 그늘이나 풀숲으로 숨어들어 쉬거나 잠을 자기 때문이다. 그러다가 오후에 해가 서서히 사그라질 무렵 동물들은 다시 활동을 시작한다. 그러니까 우리 제작 팀도 이 야생 동물을 찍기 위해서는 그들보다 더 일찍, 그리고 더 늦게까지 움직여야만 했다.

촬영 중에 차가 말썽을 부리는 것은 어느덧 생활이 되었다. 하루는 치타를 찾고 있는데, 조금만 더 조금만 더 하다가 그만 날이 꼴깍 저

물고 말았다. 그 드넓은 초원에 깜깜한 밤이 오니 도저히 방향을 알 수 없었다. 어둠 속에서 길을 잃고 어딘지도 모른 채 그 드넓은 초원을 무작정 헤매는데, 아뿔싸 그만 차가 웅덩이에 빠져 버린 것이다. 일행들은 모두 내려서 차를 밀어내느라고 혼쭐이 났다. 주변은 온통 깜깜해서 가까이에 사자가 있었다고 해도 알 수가 없는 위험천만한 상황이었다. 결국 그렇게 밤을 꼴딱 새울 수밖에 없었다. 다음날 날이 밝은 다음에 보니, 우리가 숙소로부터 엄청나게 멀리 떨어진 곳까지 왔다는 것을 알게 되었다. 결국 무려 1시간 반을 반대 방향으로 달려서야 숙소로 돌아올 수 있었다. 현지 가이드는 아무 탈 없이 돌아온 것만도 불행 중 다행이라며 다음부터는 정말 조심하라고 충고했다.

또 한번은 이런 일도 있었다. 차가 갑자기 움직이지 않아 차를 고치러 밑으로 내려갔는데, 저 멀리서 순찰차 한 대가 막 달려오더니 안에 타고 있던 현지 보안관이 고개를 내밀고 우리에게 크게 외쳤다.

"촬영하다 죽고 싶어요? 어서 차로 올라가세요!"

우리는 무슨 일이 생겼나 하고 어서 차 위로 올라갔다. 사연을 알고 보니, 바로 현지인들이 사자보다 더 무서워한다는 초록뱀 때문이었다.

언뜻 보면 풀 위에 가느다란 초록색 빨랫줄이 떨어져 있는 것처럼 보이는데, 잘못 밟았다가는 바로 물려서 응급조치고 뭐고 손 쓸 새도 없이 10초 내로 저승으로 간다는 아주 무시무시한 동물이라고 했다. 그래서 세렝게티에서는 촬영을 가더라도 정해진 장소 이외에서는 차에서 내리면 안 된다는 것이다. 만약 보안관이 아니었다면 어떤 일이 벌어졌을지 끔찍한 생각이 들었다. 거꾸로 생각해 보면, 그런 무서운 초록뱀 덕분에 아프리카 초원에는 이렇게 많은 생물들이 다양하게 존재할 수 있겠다는 생각이 들었다. 만약 어떠한 위험도 없다면 인간은 또 이곳에 도시를 세우고 동물들을 쫓아냈을지도 모르니까.

기다리고
기다리고
또 기다리고

　제작 팀이 가장 손꼽아 기다리는 장면은 치타의 사냥 장면이었다. 치타는 힌두 어로 '점박이'라는 뜻으로, 몸에는 까만 털이 점점이 나 있다. 초원에서 직접 본 치타는 그 점박이 무늬 덕분에 더 용맹스럽게 보였다. 그런 치타가 하품을 늘어지게 할 때 드러나는 날카로운 이빨은 아주 위협적으로 느껴지기도 했지만, 피곤한 기색이 역력한 치타의 나른한 눈빛을 보면 때론 귀엽기까지 했다.

　제작 팀은 치타의 사냥 장면을 찍기 위해 하루 종일 치타를 찾아다녔다. 그런데 결국 찾지를 못하고 허탕을 친 게 벌써 며칠 째였다.

　'녀석들이 아예 다른 데로 가버린 것이 아닐까?'

불안한 마음이 들었지만, 어디 이런 일이 한두 번이었던가?

지난 일을 경험 삼아 보자면, 자연 다큐멘터리를 만드는 PD는 한마디로 '기다림을 즐길 줄 아는 사람'이다. 기다림이 있어야 만남이 있는 법. 자연 속에 숨어 있는 오묘한 비밀과 신비로운 생명의 법칙을 카메라에 담고 그것을 누군가에게 보여주는 일은 그렇게 쉽게 이뤄지지 않는다. 자연이라는 존재는 인간에게 쉽게 그 모습을 드러내 보이지 않는다.

'시불재래時不再來'라는 말이 있다. 풀이하면 '한번 지난 때는 다시 오지 않는다.'라는 의미다. 시간이나 기회는 다시 오지 않는다는 뜻인데, 나는 촬영 현장에서 이 말을 머릿속에 자주 되뇌곤 한다. 항상 기다리고 준비해야 원하는 바를 이룰 수 있다는 것, 다큐멘터리도 그렇다.

좋은 다큐멘터리를 찍기 위해서는 세 가지가 딱 맞아야 한다.

첫째, 동물과의 우연한 만남. 둘째, 좋은 날씨와 시간. 그리고 마지막으로 다른 우연한 사건이 터지지 않을 것!

오랫동안 기다리면 동물을 한번이라도 만날 수 있다. 그런데 날씨가 좋지 않거나 아무것도 안 보이는 한밤중이라면 그 동물을 카메라에 담기가 힘들다. 또 앞의 두 가지가 모두 좋았는데, 결정적인 순간에 자동차가 고장 나서 동물을 따라 갈 수 없으면 모든 것이 허사가 되는 것이다.

자연은 이처럼 인내를 가지고 기다리고 관찰하는 과정 끝에 찾아온다. 그러한 노력은 어쩌면 자연을 배우기 위한 자격을 갖추는 것일지도 모른다.

그런데 그런 오랜 기다림 끝에 우리도 자연을 만나기 위한 자격을 갖추게 된 것일까? 드디어 우리에게도 기회가 찾아왔다. 치타가 사냥하는 모습을 마침내 보게 된 것이었다. 그것은 우리가 기나긴 기다림에서 승리한 순간이었다.

치타는 자기가 스스로 사냥한 것 이외에는 절대로 남의 것을 빼앗아 먹거나, 썩은 고기를 먹지 않는다. 나는 이런 치타에게 '진정한 초원의 승부사'라는 멋진 별명을 지어 주었다.

운명의 그날 아침, 우리는 초원의 한가운데에서 우연히 어미 치타와 새끼들을 만나게 되었다. 배가 홀쭉하게 쏙 들어간 모양새가 곧 사냥을 할 녀석들인 게 분명해 보였다. 우리는 '진정한 초원의 승부사' 가족을 종일 쫓아다녀 보기로 했다. 정오가 지나고 오후가 되자 더 이상 배고픔을 견딜 수 없었는지 어미는 새끼들을 데리고 근처 둔덕으로 이동하기 시작했다. '드디어 사냥이 시작되었구나!' 하는 마음에 가슴이 쿵쾅거렸다.

저 둔덕 아래에는 가젤들이 많이 모여서 풀을 뜯고 있었다. 그러나 각 그룹들마다 경계병들이 철통 같이 지키고 있어서 좀처럼 빈틈이 없어 보였다. 치타가 다가가면 가젤들은 일정한 거리를 두고 도망갔다. 치타가 걸음을 멈추면 가젤들도 다시 멈추어 서서 뻔히 보고 있는 것을 반복할 뿐이었다. 어느 정도의 거리를 두고 있지만 치타가 전속

력으로 뛰면 충분히 잡을 수 있을 것 같은데도 치타는 절대로 조급하게 굴지 않았다. 이 긴장감 넘치는 상황을 아는지 모르는지 치타 새끼들은 근처에서 막 뛰놀며 장난치거나, 풀 밖으로 고개를 바짝 쳐들기만 하고 있었다.

어미는 목표를 두고 끊임없이 걷다 쉬다 반복했다. 그러다가 한순간 어미가 풀밭에 엎드려 꼼짝도 하지 않는 것이 보였다. 잠시 후, 아무것도 모르는 가젤 새끼 한 마리가 치타가 있는 곳으로 조금씩 걸어오는 게 보였다. 치타는 최대한 땅에 납작 엎드리더니 이내 살살 기면서 공격 자세를 취했다. 그 순간 가젤 새끼가 치타를 발견하고는 휙하고 뒤돌아 달아나기 시작했다.

"뛴다!"

가젤을 따라 뛰는 치타를 보고 카메라맨이 긴급하게 외쳤다. 그 말과 동시에 이미 치타 어미는 상당한 거리를 전속력으로 뛰어 앞선 가젤 새끼를 거의 잡기 일보 직전까지 가 있었다.

그런데, 이게 웬일인지 가젤을 코앞에 두고선 갑자기 치타가 추격을 중단하고 풀밭에 누어서 가쁜 숨을 몰아쉬는 것이었다.

"어? 뭐야? 치타가 갑자기 사냥을 포기했어!"

왜 다잡은 가젤을 앞에 두고 치타는 사냥을 그만두었을까? 촬영 팀은 그 순간을 카메라에 못 담은 것이 못내 안타까웠다.

^
^
^

진정한
초원의 승부사,
치타

치타는 보통 수컷 형제 2~3마리가 한 팀을 이뤄 살아가거나 암컷일 경우 새끼와 함께 살아간다. 새끼는 약 18개월간 데리고 다니면서 키운 다음 독립시킨다고 한다.

치타는 지구상에 있는 육식 동물 중 가장 빠른 동물로서 시속 112km까지 달릴 수 있다. 고속도로 위를 달리는 자동차만큼이나 엄청나게 빨리 달리는 동물이지만, 더 놀라운 점은 치타가 사냥에 실패할 때가 훨씬 많다는 사실이다.

치타는 가젤을 잡기 위해 할 수 있는 모든 노력을 다한다. 엉금엉금 기는 포복부터 숨어서 낚아채는 매복까지 할 수 있는 필살기를 모두 펼쳐 보인다. 하지만 우리가 현지에서 확인한 바로는 치타가 사냥에 성공할 확률은 불과 30퍼센트밖에 되지 않았다. 열 번 시도하면 일곱 번을 실패하고 세 번 정도밖에 성공하지 못하는 셈이다.

왜 치타는 그렇게 빠른 발을 가졌는데도 사냥에 실패할 때가 훨씬 더 많을까?

세상에서 가장 빠른 발, 그것은 치타의 가장 큰 장점이면서 동시에 치명적인 약점이다. 치타는 거대한 무리를 이루고 있는 초식 동물 중에서 딱 한 마리만을 목표로 삼는다. 우왕좌왕하다가는 이도저도 아니게 모두 놓쳐버리기 때문이다. 목표가 정해지면 최대한 낮은 포복으로 목표물에 가까이 다가간다. 목표물에 최소한 30미터까지 붙지 않으면 십중팔구 사냥에 실패해 버린다. 왜냐하면 치타가 한 번에 전속력으로 뛸 수 있는 거리는 겨우 600미터밖에 되지 않기 때문이다. 치타가 평상시에는 어슬렁거리고 늘어져 있지만, 사냥할 때는 온몸을 던져 집요하게 전력투구하는 이유가 바로 그것이었다.

단거리 육상 선수가 장거리에서는 빨리 달릴 수 없는 것처럼 치타도 전속력으로 달릴 수 있는 거리가 길지 않다. 그 이상을 전속력으로 달리면 어쩌면 치타는 숨이 막혀 죽을지도 모른다. 치타는 민첩성이 뛰어난 반면 지구력이 많이 떨어지는 것이다.

치타는 600미터 안에서 전속력으로 최선을 다해 목표물을 공격하지만, 가젤이 갑자기 방향을 획 바꿔 버리면 전속력으로 달리던 치타는 가젤을 그냥 지나쳐 버릴 수밖에 없다. 그리고 다시 사냥을 하려고

어렵게 사냥감을 잡아 새끼들부터 먼저 먹이고 있는 어미 치타

해도 기운을 이미 다 써버렸기 때문에 더 이상 쫓을 수도 없다.

그래서 한번 전속력으로 뛰어버린 치타는 에너지를 다시 충전할 때까지 충분히 쉬어 준다. 누워서 한숨 푹 잠을 자고 나야 다시 힘을 쓸 수 있는 것이다. 그래서 치타가 하루에 전속력으로 뛸 수 있는 기회도 겨우 세 번밖에 되지 않는다.

우리가 본 가젤들도 그런 치타의 약점을 아는지 항상 치타와 안전거리를 두려고 했다. 이 거리만 지키면 제아무리 빠른 치타도 별 것 아닌 것이다. 그렇게 치타와 가젤은 드넓은 초원에서 하루 종일 신경전을 벌였다. 그리고 우리 촬영 팀도 그런 치타를 찍기 위해 하루 종일 신경전을 벌일 수밖에 없었다.

• • •

다음날 우리는 사냥에 실패했던 치타 가족을 다시 만났다. 며칠을 굶었을 어미의 배는 어제보다 더 홀쭉해져 있었다. 다행히 이번에는 죽을힘을 다해 뛴 어미 치타가 운 좋게 가젤 사냥에 성공했다. 숨죽이며 기다리던 우리도 마침내 그 장면을 찍는 데 성공한 것이다.

카메라로 찍은 영상을 다시 보니, 치타 어미의 영리한 사냥에 우리는 놀랄 수밖에 없었다. 전속력을 내어 뛰어 순식간에 가젤 새끼 한 마리를 잡아채 버렸는데, 목만 살짝 물어서인지 가젤은 비틀비틀 일어나서 도망가려고 했다. 그 순간, 근처에 있던 새끼들이 예전의 순진

했던 모습은 어디로 갔는지 갑자기 가젤을 뒤쫓아 가서 사냥을 마무리 짓는 게 아닌가! 그러니까 치타 어미가 새끼에게 사냥 연습을 시키기 위해 일부러 단번에 사냥하지 않았던 것이다.

또 새끼들이 먹잇감을 먹는 동안 어미는 며칠을 굶어 배가 몹시 고팠을 텐데도 새끼 옆에서 가쁜 숨을 몰아쉬며 이곳저곳을 감시하는 데 여념이 없었다. 하이에나나 사자가 나타나는 것에 대비해 새끼들을 보호하기 위한 행동이었다. 잠시 후 어미는 새끼가 어느 정도 배가 찰 정도로 먹이를 먹자 그제서야 새끼와 같이 먹이를 뜯어 먹기 시작했다. 그리고 새끼들이 먹이를 다 먹은 후에는 행여 피 냄새가 사방으로 퍼질까봐 일일이 혀로 새끼의 몸 이곳저곳을 닦아 주었다.

소중한 식사를 다 마칠 즈음 멀리 하늘에서 초원의 청소부 독수리들과 마라부 황새가 나타났다. 새끼들이 이리저리 쫓아내도 독수리들은 먹이를 포기할 생각이 전혀 없어 보였다. 잠시 후 식사를 마친 치타들이 얼마 안 되는 뼈를 남기고 철수하자 독수리들이 우르르 달려들어 순식간에 남은 고기를 먹어 치웠다. 치타의 치열했던 사냥의 흔적 따위는 찾을 수 없었다. 야생의 치열함을 목격한 순간이었다.

거대한
누 떼의 이동
찍어라

세렝게티에서는 3월경부터 초식 동물들의 거대한 이동이 시작된다. 얼룩말 무리들이 앞장서면 곧이어 거대한 누 떼가 뒤따른다. 북쪽에 위치한 그루메티 강과 마라 강을 건너 멀리 케냐의 마사이마라까지, 수십만 마리의 얼룩말과 2백만 마리에 가까운 누가 대이동을 하는 모습은 그야말로 자연이 연출해 내는 장관이다.

이들이 이렇게 대이동하는 이유는 바로 맛있는 풀과 물을 먹기 위해서다. 비구름이 세렝게티를 따라 북으로 이동하면서 초원에 비를 뿌리면 초원에는 초식 동물이 먹기에 좋은 맛있는 풀이 많이 자라난다. 이들은 북쪽에서 맛있는 풀을 많이 먹으면서 지낸 후, 세렝게티의 건기가 지나고 우기가 시작될 즈음 다시 세렝게티로 남하하게 된다.

그런데 재밌게도 얼룩말과 누가 함께 이동하는 데에는 다 이유가 있다고 한다. 얼룩말은 눈이 좋아 멀리 있는 천적을 쉽게 발견할 수 있고, 누는 코가 발달되어 20km 밖의 물도 잘 찾을 수 있다. 서로가 서로에게 꼭 필요한 친구인 셈이다.

또 이때를 누구보다 기다리는 녀석들이 있으니, 바로 육식 동물들이다. 이 대이동의 시기가 되면 육식 동물들은 그야말로 신나는 달밤이다. 여기저기 그들의 식량이 득실득실하기 때문이다. 육지에 사는 육식 동물뿐만 아니라 그루메티 강과 마라 강의 악어들도 마찬가지이다. 누 떼들이 강을 건너는 지점에서 그냥 입만 벌린 채 누가 물속에 들어오기만을 마냥 기다리고 있으면 되니까 말이다.

우리는 이 거대하고 위대한 누 떼가 강을 건너는 모습을 찍기 위해 며칠 전에 이미 마라 강 근처에서 최적의 촬영 장소를 찾아 두었다. 그런데 바로 그날 유난히 많은 누들이 강가에 모여 들기 시작했다. 아직 마라 강을 건너지 않은 누들이 한꺼번에 건너기로 약속이나 한 것처럼 말이다. 자세히 보니 많은 수의 누들이 강가의 이쪽저쪽을 옮겨 다니며 건너기 좋은 장소를 찾고 있었다. 그리고 강의 양쪽에는 이미 수많은 관광객들이 몰려들고 있었다.

잠시 후 누의 무리들이 계속해서 꾸역꾸역 모여드는데, 얼핏 봐도 만 여 마리는 넘는 것 같았다. 건널 기회를 잡으려고 잔뜩 뜸을 들이던 리더가 물가에 접근했다가 돌아가기를 수차례 반복했다. 다른 누

들도 리더를 따라 물가까지 갔다가 돌아 나오기를 수차례. 마침내 오전 10시쯤 한 그룹의 리더가 물속으로 뛰어들었다!

그러자 그 뒤를 이어서 다른 누들도 거침없이 물속으로 뛰어들었다. 이제는 서로 먼저 물속으로 뛰어들려고 안달이 났다. 처음에는 대열을 지키더니 곧 줄도 없이 이곳저곳에서 마구 물속으로 뛰어들었다. 강을 건너는 누들이 워낙 많아서 다행히 카메라 바로 앞으로 건너는 녀석들을 많이 찍을 수 있었다.

힘겹게 강을 건넌 이 누 떼는 이어서 새로 풀이 돋아나는 초원으로 이동한다. 끝없는 이동 중에 사자와 같은 맹수류나 악어들에게 죽임을 당하는 수난을 겪으면서도 먹을 물과 풀을 얻기 위해 그 머나먼 거리를 매년 어김없이 이동하는 것이다. 현지인들은 지구상에서 이렇게나 많은 동물들이 이 먼 거리를 이동하는 것은 세렝게티의 누 떼뿐이라고 말한다. 지금으로부터 300만 년 전부터 이어져 내려오는 누의 대이동! 그것은 대자연의 신비 그 자체였다.

^ ^ ^

배가 부르면
절대 사냥하지
않는다

아프리카에 사는 초식 동물들에게는 특별한 능력이 있었다.

초식 동물이 육식 동물에게 항상 지고 산다는 건 편견이었다. 만약 그렇다면 세렝게티와 같은 거대한 초원에는 오로지 육식 동물들만 살고 있었을 것이다. 하지만 세렝게티 초원에는 지금도 다양한 초식 동물과 육식 동물이 함께 어우러져 살고 있다.

왜 그럴까? 비밀은 초식 동물만이 지니고 있는 특별한 능력에서 찾을 수 있을 것 같다. 치타와 그의 먹잇감인 가젤 무리들을 쭉 관찰해 보니 초식 동물만의 뛰어난 장기가 있다는 것을 알 수 있었다.

치타의 공격에 초식 동물인 가젤은 어떻게 대응할까?

가젤은 우선 날카로운 감각과 빠른 발을 가졌다. 눈도 밝고, 청각도 예민하고, 냄새도 잘 맡는 뛰어난 후각을 지니고 있다. 그리고 항상 떼를 지어 그룹으로 다닌다. 가젤은 보통 몇 백, 몇 천 마리의 무리를 지어 다니고, 누는 몇 만 마리의 무리를 짓고 살기 때문에 육식 동물이 막무가내로 달려들기가 결코 쉽지 않다. 높은 지대에 올라가서 끝없는 초원을 내려다보면 땅이 온통 새까맣게 보일 정도로 거대한 무리이다.

또한 초식 동물들은 치타의 공격에 늘 대비해 서로 협력한다. 가젤은 자신들의 안전을 지키기 위해 밤낮 구분 없이 보초를 세운다. 사람의 눈에는 모두 같은 가젤로 보이지만, 그 안에는 다른 가젤들보다 눈과 귀를 크게 열고 주위를 유심히 살피는 보초병이 있는 것이다. 보초를 세우는 동안 나머지 전체 가젤들은 평화롭게 물을 먹고, 풀을 뜯고, 휴식도 취한다. 어디선가 침입자가 나타나면 보초를 서고 있는 가젤이 '쉬익~휘익' 같은 그들만의 특이한 경계음을 내어 나머지 가젤들에게 대피하라고 알려준다. 그러면 풀을 뜯던 가젤들이 바로 도망친다. 그 어떤 육식 동물도 쉽게 가젤에게 접근할 수 없는 것이다.

이처럼 무리를 이루는 것은 아주 중요하다. 그것은 육식 동물도 마찬가지였다. 사자는 무리지어 살기 때문에 다른 육식 동물들이 쉽게 못 덤빈다. 사자도 혼자 있으면 하이에나에게 먹이를 빼앗겨 버린다. 하이에나 떼가 사자 한 마리를 위협하면 사자는 별 수 없이 먹던 먹이를 그대로 두고 줄행랑을 칠 수밖에 없는 것이다. 여러 마리의 무리

사자가 먹잇감을 먹는 사이 뼈다귀를 슬쩍한 하이에나

와 한 마리가 싸우면 아무리 사자라도 도망가야 하는 상황이 생기는 것이다. 서로 협력하는 것이 자연 속에서 살아가는 데 왜 중요한지 알 수 있었다.

동물들의 세계에는 우리가 잘 모르는 사실이 많았다. 하이에나도 그런 경우였다.

우리는 누 넓적다리를 물고 부지런히 달려오는 하이에나 한 마리를 만난 적이 있었다. 하이에나는 사자나 표범, 치타 등이 사냥해 놓은 사냥감의 피 냄새를 맡고 현장에 잽싸게 달려와 다수의 힘으로 약탈하기도 한다. 녀석은 아마 누들이 몰려 있는 곳에서 사자가 사냥한 것을 슬쩍해서 이곳까지 밤새 달려왔던 모양이었다. 달려오느라 힘이 들었는지 물고 온 누의 넓적다리를 물속에 담가 놓고 쉬었다. 근처에 다른 하이에나가 없는지 이리저리 둘러보더니 안심이 되었는지 풀밭에 벌렁 드러누워 잠에 빠져들었다.

하이에나는 뒷다리가 짧고 앞다리가 껑충 길어 달리는 폼이 좀 이상해 보이고, 애니메이션에서도 종종 나쁜 동물로 묘사된다. 하지만 초원의 야생 동물 세계에서 꼭 존재해야만 하는 녀석들이다. 녀석들은 독수리와 마찬가지로 다른 동물들이 먹고 남은 음식 찌꺼기를 다 치워주기 때문에 병균이 밀림에 번식할 여지를 크게 줄여준다.

하이에나는 초식 동물들이 새끼를 분만할 때 나는 피 냄새를 20킬로미터 밖에서도 맡고 찾아갈 수 있을 만큼 코가 예민하다. 그래서 본의 아니게도 하이에나는 시도 때도 없이 태어나는 초식 동물의 개체수를 조절하는 역할을 하고 있는 셈이다. 때로는 사자나 치타 등 육식 동물들의 새끼나 무리에서 쫓겨난 늙은 수사자를 사냥하기도 한다. 어쩌면 조물주는 하이에나에게 초식 동물과 육식 동물간의 개체 수를 조절해서 균형을 맞추어 주는 중간자 역할을 맡겼는지도 모르겠다는 생각이 들었다.

세렝게티 초원에서 나는 또 한 가지 재밌는 사실을 발견했다.

동물과 인간의 다른 점을 발견한 것인데, 그것은 동물들은 배가 부르면 절대 사냥을 하지 않는다는 점이다. 치타나 사자 등 맹수들은 배가 부르면 절대 다른 동물들을 괴롭히지 않는다.

물론 배고플 때의 맹수의 눈빛을 보면 사지가 떨릴 정도로 아주 무섭다. 한번은 카메라맨이 사자의 얼굴을 클로즈업으로 크게 확대해서 촬영하고 있었는데, 사자가 갑자기 이쪽으로 시선을 확 돌리며 매섭게 노려보는 것이었다. 순간 우리는 그 눈빛을 보고 얼마나 무서웠던지 카메라를 아래로 확 내려 버렸을 정도였다.

하지만 배고플 때와 달리 평상시 사자의 표정은 한없이 평화롭기만 해보였다. 배부를 때의 눈빛은 전혀 공격적이지 않았고, 오히려 부드럽게 느껴졌다. 경계하는 태도도 없었다. 치타 또한 매일 사냥을 하지도 않았고, 먹잇감을 저장고에 축적해 놓지 않았다. 그저 사냥을 통해 배고픔을 달랠 뿐, 그 어떤 욕심도 부리지 않는 것이다.

치타를 관찰하면서 흥미로운 광경을 보았는데, 치타는 배가 부르면 몇 날 며칠이고 쿨쿨 잠을 잤다. 마치 겨울잠을 자는 곰처럼 말이다.

배부른 치타는 세상에서 가장 평온한 표정을 짓고 긴 잠의 세계로 빠져들었다. 그렇게 자고 있는 치타에 대해서는 가젤도 별로 신경을 쓰지 않았다. 가젤은 치타 바로 근처에서도 피하지 않고 멀뚱멀뚱 서 있을 뿐이었다. 단잠에 곤히 빠진 치타가 자신들을 공격하지 않는다는 것을 본능적으로 알고 있는 듯했다.

인간의 입장에서는 '아니 왜 벌 수 있을 때 벌고, 모을 수 있을 때 모아서 식량을 저장해 두지 않지?' 하면서 그런 동물들을 어리석게 볼 수도 있다. 하지만 육식 동물들의 사냥을 조금이라도 이해하면 이내 그런 생각을 바꿀 수밖에 없다. 육식 동물이 한 마리의 먹이를 구하는 일은 앞서 말한 것처럼 최선을 다할 때에만 얻을 수 있는 아주 힘든 과정이기 때문이다. 먹이를 구하는 과정이 너무 힘이 드니까, 먹이를 더 잡아서 축적할 생각조차 하지 못하고 있는 것이다. 딱 자기가 생존할 정도의 먹이만을 구하는 것. 다른 측면에서 보자면, 자연은 딱 그 정도만의 살생, 육식 동물이 생존할 정도의 살생만을 허용하는 셈이다. 반면, 그 수많은 초식 동물은 딱 1마리만 육식 동물에게 먹이로 희생됨으로써 무리 전체의 평온이 유지되는 것이다. 30퍼센트의 확률로 어렵사리 성공하는 사냥, 어쩌면 그것은 자연이 정해준 야생의 황금률일지도 모른다.

흔히 자연의 세계를 일컬어 '적자생존', '약육강식'이라고 부른다. 환경에 가장 잘 적응하는 생물이 결국에는 살아남는다는 것이 바로 적자생존이고, 약한 자는 강한 자에게 먹힌다는 것이 약육강식이다.

잠자는 수사자와 평화로운 초식 동물들

말하자면 힘이 센 자만이 살아남는다는 의미인데, 이것은 오로지 생물학적인 표현일 뿐 내가 보기엔 자연은 적자생존보다는 '조화와 공존'이라는 말이 더 잘 어울리는 것 같다. 육식 동물과 초식 동물의 관계는 겉으로 보기엔 약육강식처럼 보이지만, 자세히 생각해 보면 결국 자연이 아주 정교하게 만들어 놓은 평화의 질서 속에 있다는 것을 알 수 있다. 자연은 먹이경쟁으로 살벌한 곳이 아니라, 서로의 생명을 알뜰하게 지켜주는 조화롭고 아름다운 곳인 셈이다.

4장

인간이 사라진 세상,
DMZ여 영원하라

〈DMZ는 살아있다〉,

그 첫 발을
내딛다

우리 민족에게는 잊으려야 잊을 수 없는 비극인 6·25 전쟁의 산물 DMZ는 동서로 248km에 걸쳐 펼쳐져 있는, 세계 유일의 분단 지역이자 사람들의 자유 왕래가 엄격히 금지되어 있는 곳이다. 한민족에게는 남북 분단의 아픔이 고스란히 남아 있지만, 해마다 동쪽 끝 영파천으로는 연어가 회귀하고 서쪽 끝 백령도에서는 물범이 그 모습을 드러내는 곳이다.

DMZ는 곳곳마다 소중한 야생 동물들이 서식하고 있는 자연 생태의 보고이자 그 특이한 식생 때문에 전 세계 자연 생태학자들이 지대한 관심을 쏟는 곳이다. 미국의 저명한 저널리스트인 앨런 와이즈먼

곤줄박이

철모 속에 핀 야생화

은 〈인간 없는 세상〉이라는 책에서 "이 세상에서 가장 위험천만한 이 곳이 사라질 뻔했던 야생 동물들의 피난처가 되었다."라고 하며 인간 없는 50년 동안의 DMZ를 인간 없는 세상의 대표적인 장소로 소개하기도 하였다.

또한 이 지역은 남북을 가로지르는 철책선을 사이에 두고 바로 북한군과 맞닿아 있을 뿐만 아니라 아직도 미확인 지뢰가 곳곳에 숨어 있어 자칫 잘못 밟았다간 순식간에 목숨을 잃을지도 모르는 아주 위험한 곳이다. 그래서 육군 본부로부터 쉽사리 촬영 허가가 나지 않는 곳이기도 하다.

그런 DMZ를 언젠가 한번 꼭 카메라에 담아 보겠다는 것은 꽤 오래된 열망이었다. 지금도 내 생애 최고의 프로그램으로 꼽을 만큼 당시의 나는 이 프로그램을 성사시키고 무사히 촬영을 마치는 데 모든 에너지를 쏟고 있었다. 허가부터 촬영까지 그 모든 것이 험난했다. 그럼에도 불구하고 우리 촬영 팀은 2006년 1월 초부터 11월까지 전방 철책선 동해 끝에서 서해 끝 백령도까지 곳곳에서 살아 숨 쉬고 있는 자연 생명들을 HD 카메라로 4계절에 걸쳐 정교하게 담아내는 데 성공했다. 자연 다큐 3부작 〈DMZ는 살아있다〉는 남북 분단의 아픔 속에서 꿈틀거리는, 한국인의 통일에 대한 민족적 열망과 경이로운 자연의 위대한 생명력을 고스란히 담아내 훗날 '세계 야생생물 영상제'와 '시카고 국제 TV 페스티벌'에서 상을 수상하기도 했다.

한겨울의 추위가 절정을 이루던 1월 4일, 우리는 첫 촬영지인 철원으로 향했다. 철원은 두루미의 땅이다. 그곳을 향해 힘차게 달리는 발걸음은 가벼웠고 나의 가슴은 마구 뛰고 있었다. 오랜만에 나오는 야외 촬영, 게다가 한민족의 상징인 단정학丹頂鶴(두루미)을 촬영한다는 사실에 맘이 설렜다.

자유로를 따라 달리다 문산, 연천을 거쳐 옛날 군 시절에 익히 들어왔던 신탄리를 지나니 가로등 하나 보이지 않는 칠흑 같은 어둠이 캄캄한 밤을 짓눌렀다. 이따금 지나가는 차량 불빛에 순간적으로 드러나는 도로변은 전형적인 썰렁한 시골 풍경을 드러내 보였고 한순간 눈만 부시다 또다시 어둠으로 숨어버렸다. 고석정을 지나 그나마 간판의 불빛이 현란하게 보이는 곳 철원 문혜리에 도착했다. 곧이어 철원 군청에 근무하고 있는 이 지역 두루미 전문 촬영가 홍의표 씨와 인사를 나눈 후 두루미에 관한 정보를 들었다. 그는 이 지역은 아직 눈이 오지 않아 두루미들이 뿔뿔이 흩어져 먹이를 주워 먹는 상황이며, 아직 볍씨나 콩 등 인위적인 먹이는 주지 않고 있다고 설명해 주었다. 아직은 위장막에 들어가 두루미들을 기다리며 촬영할 것이 아니라 이 녀석들이 서식하는 장소를 한번 돌아보는 것이 좋을 것 같다는 말에 우리는 그렇게 하기로 했다.

주변을 돌아보니 북한이 바로 손에 닿을 듯 가깝게 있다는 사실이 실감났다. 전망대 너머로 뻔히 바라다 보이는 북한 땅. 남북으로 분단된 지 수십 년이 넘었건만 철책으로 제 땅을 갈라놓은 후 서로 오도가지도 못할 뿐만 아니라 서로 넘어오지 않을까 총을 들고 두 눈을 부릅

뜨고 지켜야만 하는 상황. 이런 불행한 현실을 아는지 모르는지 두루미 떼들이 훠어이 훠어이 소리를 내며 남쪽으로 날아들었다.

두루미들이 모이는 곳에는 농기구를 보관하는 움막이 있는데, 다음 날부터 우리는 이곳에서 몸을 숨기고 녀석들을 촬영해야만 했다. 유난히 추운 소한 추위에 옷 바깥으로 노출된 곳은 살이 떨어져 나가는 것 같았다. 다행히 바람이 불지 않아 그나마 견딜 만하지 만약 바람이라도 부는 날에는 바깥에 서 있을 수도 없었다. 최저 영하 18도라는데 바람이 불면 체감온도가 영하 30도까지 내려간다고 하니 말로만 듣던 영하 30~40도의 기온을 체험할 수 있는 좋은(?) 기회인 것 같았다.

"아이고, 죽었다고 생각해야지."

촬영 감독과 나는 미리 각오를 다졌지만, 이른 새벽부터 저녁 해 질 무렵까지 움막에 숨어 있으려니 나중에는 손발이 시리다 못해 아리기까지 했다. 그런데 두루미들이 우리의 인내력 시험을 하는지 좀처럼 카메라 앞으로 올 생각을 안 했다.

"그래도 기다려야지. 이것도 도 닦는 것과 마찬가지야." 하는 소리가 입에서 절로 나왔다.

'그래. 너희들이 쉽게 모습을 허락할 리가 없지.'

마음속에서는 다시 오기가 발동하기 시작했다.

두루미는
날아가고

두루미 이 녀석들은 정말 민감했다. 자신들의 안전거리 안으로 절대로 사람을 들이지 않는 이 녀석들을 촬영하려면 일단 완벽하게 위장된 위장막 속에 들어가 추위와의 전쟁을 치루면서 무작정 기다려야만 한다. 가족 단위로 생활하는 두루미들은 먹이를 주워 먹거나 쉴 때는 반드시 한 녀석은 보초를 서는데, 일단 불안하다고 생각되면 경계음을 내는 것과 동시에 가차 없이 날아가 버린다.

철원 평야 민통선 안 논에서 주로 월동을 하는 이 녀석들은 논이 추워서 얼어붙거나 눈이 와서 논에 흩어져 있는 알곡을 주워 먹지 못할 경우에는 철원군 두루미 보호 협회 주민들이 뿌려주는 곡식을 주워 먹으려 한곳으로 모여 든다. 그렇지 않으면 뿔뿔이 날아가 논에 흩어져 있는 곡식을 주워 먹는다.

이 녀석들도 사람과 마찬가지로 모여 있으면 서로 먹이를 두고 다투기도 하고 때때로 암수끼리 서로 사랑의 노래를 부르고 춤을 추기도 한다. 단순히 먹이 주워 먹는 모습을 촬영하는 것보다는 이런 모습을 촬영해야 두루미들의 아름다운 모습을 보여줄 수 있을 것 같단 생각이 들었다. 하지만 좀처럼 두루미가 모이는 것을 볼 수가 없으니, 그것이 문제였다.

한번은 전날 두루미들이 모여 잠을 자고 있다는 소식을 듣고, 새벽 6시 동도 트기 전에 위장막이 있는 현장에 도착한 적이 있었다. 그런데 어제까지만 해도 이곳에서 모여 잠을 자던 녀석들이 한 마리도 보이질 않았다. '그렇다면 오히려 녀석들이 오기 전에 들키지 않고 위장막 속에 들어갈 수 있는 절호의 기회가 아닌가?' 하는 생각이 머리를 스쳤다. 혹시 DMZ 내에서 잠을 자고 이곳으로 먹이를 주워 먹으러 날아와 준다면 전화위복의 호기회라 할 만했다.

살을 에는 찬바람에 체감온도 영하 30도. 겪어봐도 적응되지 않는 강추위에 벌벌 떨며 기다린 지 한 시간, 마침내 동쪽으로부터 여명이 밝아 오고 DMZ 내에서 잠을 자던 두루미들이 남방 한계선 철책선을 넘어 날아들기 시작했다. 그중의 한 떼거리가 위장막 앞 논으로 날아들었고, 촬영 팀은 생전 처음 겪는 강추위도 잊은 채 흥분에 휩싸였다.

"온다, 온다. 두루미 떼야, 어서 와라!"

그런데 그 혼잣말이 채 끝나기도 전에 녀석들이 느닷없이 날아올라 저 멀리 하늘로 날아가 버리는 게 아닌가? 곧 이어 난데없는 트럭 소리가 들리고 커다란 16톤짜리 덤프트럭들이 객토 작업용 흙을 싣고 우리의 작은 위장막 앞을 보무도 당당하게 지나갔다.

"이럴 수가! 아직도 우리의 지성이 하늘에 닿지 않았단 말인가?"

그것은 실로 충격적인 결말이었다.

결국 그곳에서의 촬영을 접고 우리는 토교 저수지 옆에 있는 양지리 마을 '철새 보는 집'으로 갔다. 토교 저수지는 생각보다 컸다. 물이 하얗게 꽁꽁 얼어붙어 있는데 얼음장 밑으로 흐르는 물소리가 묘한 소리를 냈다. 저수지 한편에 얼음이 얼지 않은 숨구멍이 보이는데 그 주변에서 오리들이 놀고 있었다.

그런데 그때 저수지 한가운데에서 약 200~300마리쯤 되는 두루미들이 날아드는 것이 보였다. 1월 초부터 두루미를 촬영하러 이곳을 드나들었지만 이렇게 많은 두루미가 한꺼번에 모여 있는 것은 처음이었다. 우리는 녀석들이 있는 곳으로 좀 더 가까이 가보기로 하고 서둘러 차를 몰았다. 일단 차로 가장 가까운 산 밑까지 간 후 걸어서 산등성이까지 가기로 하고 한참을 걸어 올라갔다. 그런데 땀을 뻘뻘 흘리며 산언덕을 3개나 걸어서 넘어가 봐도 가까이 접근할 수가 없었다. 할 수 없이 갔던 산을 다시 내려와 차를 타고 다른 장소로 가는데, 이미 시간이 너무 지체되어 두루미가 없을 것 같단 느낌이 들었다. 아니나 다를까 이런 우려 속에 간신히 녀석들이 머물렀던 곳으로 가보니 이미 다 먹이를 주워 먹으러 논으로 날아가 버린 뒤였다.

현장을 보니 두루미들의 배설물이 얼음 속에 몇 겹으로 쌓여 얼어 있었고 그 두꺼운 얼음 사이에 얼음끼리 부딪쳐 깨진 곳에는 물을 먹는 장소로 보이는 곳이 있었다. 두루미들은 꽤 오래 전부터 그곳을 잠자리로 이용한 것 같았다. 근처 숲 가장자리에다 카메라를 미리 세팅해 놓으면 근사한 영상을 얻을 수 있을 것 같았다.

다음날 촬영 팀은 다시 얼음이 꽁꽁 얼어붙은 토교 저수지에서 모여 쉬고 있는 두루미들을 촬영하러 갔다. 출입 허가를 받은 후 저수지 쪽으로 다가가 차를 세운 뒤 촬영 장비를 들고 저수지 옆으로 다가갔다. 그러나 그곳에서 보이는 두루미 떼들은 너무나 멀었다. 할 수 없이 얼음 위를 걸어 두루미가 날아가지 않을 때까지 다가가기로 했다.

"깡! 깡!"

여기저기 강추위에 얼음 깨지는 소리가 마치 폭탄이 연속적으로 터지는 소리처럼 들렸다. 그러다 바로 발밑에서 얼음이 쫙 갈라지면 그 순간 얼음 밑으로 푹 빠지는 것이 아닐까 하고 가슴이 덜컥 내려앉았다. 잠시 후 안전거리 안으로 낯선 사람과 카메라가 접근한다고 판단했는지 수백 마리의 두루미들이 일제히 날아올랐다. 멀리서 바라보아도 하얀 두루미들이 떼 지어 날아가는 것이 장관이었다.

이런 모습을 촬영한 것만도 다행스럽게 생각하고 다시 '철새 보는 집'으로 철수해 점심을 먹는데, 사단 공보 장교로부터 다급한 전화가 왔다.

"아니, 지금 대체 어디세요?"

"양지리 '철새 보는 집'에서 점심 먹고 있는데요? 무슨 일이신지요?"

"아까 저수지 안으로 들어가셨죠?"

공보장교의 성난 목소리는 점점 커져갔다.

"저수지를 감시하고 있는 OP로부터 연락이 왔는데, MBC 촬영 팀이 지금 토교 저수지 위에서 촬영하고 있다고 해서 전화했어요. 당장 철수하세요. 그곳은 접근이 금지되어 있는 곳입니다. 앞으로 한 번만 더 위반을 하면, 우리 사단 관할 구역 안에는 절대 한 발자국도 못 들어오시게 될 겁니다."

나는 두 번 세 번 연거푸 사과하고 앞으론 절대로 이런 일이 일어나지 않도록 주의하겠노라고 약속하고 전화를 끊었다. 다음주 대보름 달빛 아래 두루미들이 쉬는 모습을 밤늦게까지 촬영할 수 있도록 협조를 구해야 하는데, 그건 말도 못 꺼내게 되는 게 아닐까, 괜히 저수지 안으로 들어갔구나 하는 후회가 몰려왔다.

이런저런 걱정 속에 점심 식사 후 일찌감치 요즈음 두루미들이 많이 모이는 연지고개로 가 위장막 속에서 두루미들을 기다렸다. 평소같으면 오후 3시경이면 반드시 이쪽으로 날아오던 두루미들이 그날따라 한 마리도 날아오지 않았다. 민통선 내에서 야생 동물을 촬영하려면 삼위일체로 도와주어야 한다. 날씨와 야생 동물, 그리고 군 관계자의 협조. 이 세 가지 조건이 완벽하게 일치될 때만 좋은 영상이 만들어지는 것이다.

'오늘은 여러모로 도와주지 않는구나.'

철원 벌판에 해 지는 모습을 미속 촬영 후 철수하는 수밖에 없었다.

^
^
^

마침내
조우한
두루미 떼

철원을 비롯한 전 지역에 걸쳐 눈이 온다는 예보에 흥분이 되었는지 전날 이리 뒤척 저리 뒤척 좀처럼 잠을 들지 못했다. 그러다 깜빡 잠이 들었다 깼는데 시계를 보니 새벽 4시였다. 얼른 창을 열고 밖을 내다보니 함박눈이 펑펑 내리고 있었다. 실로 오랜만에 느껴보는 희열이었다. 이 눈이 와 주기를 얼마나 빌고 또 빌었던가!

아침이 되자 눈이 슬며시 그치고 철원 평야가 온통 하얗게 변해 있었다. 촬영 팀 모두 들뜬 기분으로 통제소로 가 출입 신청을 한 후 대대 정훈 장교를 태우고 우선 철책선 쪽으로 갔다. 시간이 지나 철책에 쌓인 눈이 녹아버리기 전에 하얗게 눈이 쌓인 철책선 풍경을 스케치

하기 위해서였다. 마침 초소에서 병사들이 하얀 위장 스키복을 입고 근무하고 있어서 두 병사가 철책을 점검하는 장면도 함께 촬영했다. 하얗게 쌓인 눈에 하얀 위장복을 입고 철책을 점검하는 영상이 겨울을 잘 드러내 보였다.

오후에는 미리 연락한 두루미 협회 철원 지회장님이 두루미에게 먹일 곡식을 싣고 나오셨다. 곡식을 논에 쫙 하고 뿌려 준 다음 우리는 위장막 안으로 들어가 두루미를 기다렸다. 실로 오랜만에 아니 촬영 시작 후 처음으로 눈이 하얗게 덮인 논으로 두루미들이 날아왔다.

'어찌 알고 왔을까?'

무척이나 반갑고 감격스러웠다. 먹이를 주워 먹고 먹이 다툼하는 두루미들의 모습이 정겨웠다.

오후 5시 위장막에서 철수하여 수리부엉이가 알을 낳아 품고 있는 약천교 근처로 갔다. 눈이 쌓여 있는 바위 벽 위에서 알을 품고 있는 수리부엉이를 촬영하려고 했으나 이미 눈이 다 녹아버린 후였다. 아쉽지만 이곳에서 카메라를 철수하고 일몰 장면을 미속 촬영하려 하는데, 이번에는 시커먼 구름이 해를 가려버려 결국 숙소로 철수하는 수밖에 없었다.

한꺼번에 두 가지를 얻기는 어렵다. 만약 수리부엉이가 눈 내린 바위 벽에서 알을 품고 있는 장면을 촬영했다면, 두루미가 하얀 논 위에서 먹이다툼 하는 모습은 얻을 수가 없었을 것이다. 한 가지를 완벽하게 촬영한 후에 다른 것을 촬영해야 한다는 교훈을 새삼 느껴본

날이었다.

　다음날 새벽 6시 30분 양지리 통제소에서 정훈병사를 태우고 강산 저수지 농막으로 달려가 어제 두루미 협회 철원지회 총무에게 확보한 두루미 먹이를 농막 앞에 뿌린 후 카메라를 세팅하고 두루미를 기다 렸다. 이른 새벽이라 그런지 안개가 자욱한 게 언제 걷힐지 막막했다.

　그런데 7시 30분쯤 재두루미가 몇 마리 날아들어 오더니 재두루미, 흰두루미들이 연이어 날아드는 것이었다. 그동안 볼 수 없었던 많은 개체의 두루미들이 모이다 보니 먹이를 두고 자주 다투는 모습을 보 였다. 한편 먹이를 주워 먹던 흰두루미 수컷이 무리를 벗어난 한적한 곳에서 암컷에게 구애하는 춤을 우아하게 추는 모습도 보였다. 때로 는 몸을 낮추고 때로는 날개를 퍼덕이며 수컷은 열심히 춤을 추었다. 그동안 이 녀석들을 조금씩 촬영해 왔지만 이런 모습은 처음 보는 것 이었다. 이제 이 녀석들이 러시아로 떠날 시간이 다가온 것이다.

　이렇게 해서 짝을 맞춘 한 쌍의 두루미는 죽음이 둘을 갈라놓을 때 까지 부부로 백년해로를 하고 고향인 러시아로 날아가 신방을 차린 후 알을 낳아 부부가 교대로 포란을 한다. 이렇게 포란을 하다 암수 간 교대를 할 때는 서로 격려라도 하듯이 목을 하늘로 뻗친 후 사랑의 노래를 목청껏 부르고 나서 교대를 한다. 두루미는 사랑이 충만하고 정성이 가득한 포란을 마친 후 한 마리 또는 두 마리의 새끼를 얻는 다. 그리고 가을이 되면 다시 이곳 철원 평야나 임진강변으로 날아와 가족 단위로 생활하며 겨울을 보낸다.

머리가 회색인 재두리미떼와 두루미떼가 섞여서 이삭을 주워 먹고 있다.(위)
노래를 부르며 구애를 하고 있는 암수 두루미 한 쌍(아래)

아침에 안개 속에서 한차례 모여 먹이를 먹던 녀석들 위로 어디선가 날아 온 두루미 한 마리가 높이 선회했다. 신호를 보내는 것 같았다. 곧이어 두루미 녀석들은 일제히 날아올라 다른 곳으로 날아갔다.

'얼마쯤 기다리면 다시 오겠지.' 하고 느긋하게 기다리는데 점심이 지나고 해가 질 때까지 한 마리도 날아오지 않았다. 그나마 아침에 촬영하였기 망정이지 아침 일찍 이곳으로 들어오지 않았다면 또 허탕을 칠 뻔했다.

이제 곧 두루미들을 떠나보내야 한다니, 그동안 고생했던 생각도 나고 아쉽기도 해서 마음속에서 울컥 무언가가 올라왔다.

^
^
^

철조망은
말이
없다

태풍 전망대에서 건너다보이는 풍광은 가히 장관이다. 동부 전선처럼 높은 산맥이 앞을 가로 막고 있는 것이 아니라, 함경남도에서 발원하여 흐르는 임진강이 남북을 갈라놓은 채 유유히 서해 쪽으로 흐르고 그 뒤로 북한 측 전경이 한눈에 건너다보인다. 봄에는 농사를 짓는 농민들을 가까이 볼 수 있고 때때로 강가에서 고기 잡는 모습도 볼 수가 있다.

휴전선을 따라 세워져 있는 11개 전망대 중 북한 측 초소와 가장 가까이 인접해 있다는 이 태풍 전망대에는 관광객들이 일정한 출입 절차를 밟아 들어올 수 있다. 여기서는 북한 측을 조망할 수 있는데 만약에 있을지도 모를 북의 총격에 대비해 전망 창이 방탄유리로 되어 있다.

6·25 전쟁 당시 서로 간에 처절한 전투를 벌여 임진강을 붉은 피로 물들였다는 이곳은 1952년 아군 1개 소대가 중공군을 기습하여 2,700명의 사상자를 낸 노리고지 전투와 1953년 휴전하기 직전 아군 1개 소대가 침투해 오는 중공군 356명을 사살한 베티고지 전투로 유명하다. 지금은 언제 그런 일이 있었냐는 듯 노리고지와 베티고지는 부분적으로 흰 눈에 덮여 있고 곳곳에 지어놓은 아군 GP가 마치 산꼭대기에 있는 중세 유럽의 예쁜 성처럼 한편의 풍경화를 연출하는 것 같다. 게다가 이따금 하얀 두루미들이 그 격렬했던 격전지 위를 휘돌아 일렬로 펄럭펄럭 임진강을 날아 건너올 때면 그렇게 평화로워 보일 수가 없는데, 정작 이 땅의 사람들은 아직도 자유롭게 오고 갈 수가 없다.

지금쯤이면 저기 임진강을 붉은 피로 물들인 원혼들은 서로 화해를 했을까? 그리고 남과 북에 굳게 세워져 있는 녹슨 철책을 서로 손잡고 자유롭게 넘나들고 있을까? 유유히 흐르는 임진강을 바라보며 잠시 상념에 잠겼다.

북측 전망을 겨울부터 4계절 동일한 앵글로 촬영하기로 하고 적당한 자리를 찾아보았다. HD 와이드 렌즈로 촬영하니 화각이 넓게 나와 풍광이 꽤 멋있었다. 4계절 같은 앵글로 촬영하면 멋진 영상이 될 것 같았다. 철수하면서 임진강변으로 날아와 물 먹으며 물가에서 쉬는 두루미를 촬영했다. 두루미들이 물속에 머리를 집어넣어 고동을 잡은 후 통째로 집어 먹는 모습이 낯설었다. 철원 평야에서는 두루미 보호 협회 회원들이 뿌려주는 알곡을 주워 먹지만, 이곳에서는 고향 러시아에서 우렁이를 잡아먹는 것처럼 물속의 고동을 잡아먹는 것이다. 그 개체수가 많지는 않지만 이곳의 두루미들은 행운아들이라는 생각이 들었다. 색다른 장면이었다.

강원도 철원 읍내에서 북쪽으로 12km 정도 떨어져 있는, 해발 395m 밖에 되지 않는 작은 백마고지를 쟁취하기 위해 싸웠던 백마고지 전투는 6·25 전쟁 중 가장 격렬했던 전투였을 뿐만 아니라 세계 전쟁사에도 유례가 없는 치열한 접전이었다고 한다. 작은 야산이지만 중부 전선 전략 요충지였던 이곳을 차지하기 위해 국군 제9사단과 중공군 3개 사단이 1952년 10월 6일부터 10월 15일까지 10일간 12차례의 공방과 24회의 뺏고 뺏기는 전투를 통해 사상자 1만 7천여 명의 고귀한 희생을 치른 채 국군의 승리로 끝이 났다.

10일 동안 이곳에 퍼부어진 포탄 수만 30여만 발이고, 격전을 치르고 난 뒤 산 높이가 5m나 낮아져 버렸다고 하며, 전투가 끝난 뒤 산의 형상이 백마가 누워있는 모습과 같다 하여 백마고지라 이름 붙여졌다고 한다. 이 전투의 승리로 국군은 철원, 김화, 평강, 즉 철의 삼각지대 중 철원과 김화를 차지하게 되었지만 그것은 상호 간에 셀 수 없이 많은 고귀한 목숨들의 대가였다. 아직도 그 아비규환의 고함소리와 작렬하는 포탄 소리가 들리는 듯했다. 왜, 무엇을 위해, 누구를 위해 그들은 그 고귀한 목숨을 버려야만 했는가?

그런 상념에 젖어 있는데, '꾸루루 꾸루루' 하며 수많은 억울한 죽음을 위로나 하듯이 하얀 두루미들이 백마고지 위를 선회하다 허위허위 주변 논에 사뿐히 내려앉았다.

• • •

며칠 후 강원도 양구에 있는 수입천 상류 문등리의 한 부대로 갔다. 그곳에는 부대 주변에서 서식하며 사병들이 주는 남은 밥을 먹으러 오는 멧돼지들이 있다고 했다. 요즘 농촌에서는 멧돼지들이 농작물을 훼손시켜 큰 골칫거리다. 심지어는 지리산에서 극성을 부리는 멧돼지를 올무로 잡으려다 방사해 놓은 애꿎은 반달가슴곰이 올무에 걸려 죽기까지 하는 일이 일어나기도 한다. 그런데 전방의 각 부대 근처에서 병사들이 버리는 잔밥을 먹으며 터를 내리고 살아가는 멧돼지들에게는 병사들이 친근한 이웃이다. 멧돼지들은 얼룩무늬 군복을 보면 도망가지를 않는데 일반 민간인 옷을 입은 사람을 보면 절대로 가까이 오려 하지 않는다.

그러다 보니 전방 각 부대에서 쉽게 볼 수 있는 멧돼지를 우리가 촬영하려면 그렇게 만만치가 않았다. 그 녀석들이 가까이 다가오는 곳에 몰래 세팅 카메라를 설치해 놓으면 귀신 같이 냄새를 맡고 절대로 그곳으로 접근하지 않았다. 그러다 보니 모든 카메라뿐만 아니라 카

메라 감독도 얼룩무늬 군복을 입어야만 했다. 멍청한 멧돼지가 아니라 영리한 멧돼지인 것이다.

다행히 소초 부대에서 마침 남은 밥을 주고 난 뒤라 멧돼지들이 산 계곡에서 우르르 몰려와 마구 먹는 것을 찍을 수 있었다. 새끼를 거느린 어미들이 씩씩거리며 몰려와 서로 좋은 자리를 차지하려 몸싸움을 했다.

멧돼지 중에는 발목 지뢰를 밟았는지 오른쪽 앞다리가 떨어져 나간 녀석도 보였다. 최근에 밟아 터졌는지 다리가 떨어져 나간 끝 부분이 아직 채 아물지 않고 핏기가 서려 있었다.

말 못하는 동물이 얼마나 아플까 생각하니 마음이 아팠다. 아직도 찻길을 제외한 산비탈과 수입천 변은 지뢰 지대로 아무도 출입하지 못한다. 어떤 곳에서는 6·25 전쟁 때 묻어 두었던 대전차 지뢰가 노출되어 보이는 곳도 있다. 동족상잔의 전쟁이 멈춘 지 60여 년이 지났건만 아직도 철조망으로 가로 막아 놓고 서로 오고 가지도 못하는 산하다.

남방 한계선 골짜기를 따라 꾸불꾸불 끝없이 쳐진 이중 철조망. 그 철조망을 따라 평행으로 이어진 투광등 라인. 저 라인들을 따라 지어진 초소에서 이 나라의 젊은이들이 밤잠을 잊은 채 두 눈을 부릅뜨고 있었다. 언제 쳐들어올지 모르는 동족을 감시하기 위해.

아! 녹슨 철조망을 보면 볼수록 마음이 무거워졌다. 언제나 없어질까? 저 철조망과 투광등이……

^
^
^

금강산
건봉사를 지나
산양을 만나다

동부전선 끝 강원도 북단 고성 땅 건봉산에 있는 고진동과 오소동에는 천연기념물 제217호인 산양이 살고 있다. 주로 태백산맥 줄기 설악산과 북한의 금강산에 서식하고 있다는 산양은 그 희귀성 때문에 천연기념물로 지정해 보호하고 있는 멸종 위기종이다. 산양은 따뜻한 양지 바위 위에서 거의 움직이지 않고 붙어 있기 때문에 발견하기가 꽤 힘들다. 또 한군데에 자리를 정하면 이동하지 않고 그곳에서 살아간다. 몸 색깔이 주변과 흡사해 언뜻 봐서는 잘 구분되지 않는다.

고진동과 오소동에서 살아가는 산양을 촬영하려면 율곡부대가 관할하는 민통선 초소에서 출입 신청을 하고 전망대로 향하는 험한 산

길을 올라가야 한다.

그런데 때마침 이곳에는 큰 눈이 내렸고 길이 미끄러워 올라갈 수가 없게 되었다. 그러니 길이 뚫리기만 기다리는 수밖에. 그래, 어차피 자연 다큐멘터리는 기다림의 미학이지 않은가? 우리는 기다리는 시간 동안 건봉산 초소 바로 옆에 있는 건봉사로 향했다.

눈이 많이 내려 하얗게 몸단장을 하고 있는 건봉사는 여름이면 숲이 무성하고 가을이면 단풍이 아름답다고 한다. 야트막한 기와 담으로 둘러쳐진 건봉사에는 50여 기에 달하는 부도와 탑비가 있다. 원래 2백 개가 넘게 있었으나 6·25 전쟁 이후 많이 유실되었고 이를 더 이상 방관할 수 없어 부도전을 조성하였다고 한다.

건봉사는 금강산이 시작되는 초입에 위치해 있어서 특별히 '금강산 건봉사'로 불리고 있는데 설악산 신흥사와 백담사, 양양의 낙산사를 말사로 거느렸던 전국 4대 사찰 중의 하나로 손꼽히는 대사찰이었다고 한다. 이 지역은 전쟁 당시 휴전 직전까지 2년여에 걸쳐 한국군 제5, 8, 9사단 및 미군 제10군단과 공산군 5개 사단이 16차례의 치열한 공방전을 벌인 격전지이기도 하다. 이로 인해 건봉사는 완전 폐허가 되었고 지금은 단지 절 입구의 불이문만 남아 있다. 아직도 드넓은 공터로 남아 있는 절터와 돌 받침 등 그 흔적만 봐도 이 절이 얼마나 번창했던 큰 절이었나 짐작 하고도 남는다. 과거의 영화는 세월과 함께 스러져 갔고 텅 빈 공터를 바라보자니 포탄이 작렬하는 소리와 콩 볶는 듯한 총소리가 들리는 듯했다.

그렇게 며칠 후 우리는 마침내 고지대로 올라갈 수 있다는 연락을 받고 들뜬 마음으로 건봉사 옆 초소로 갔다. 민통선 출입 신고를 하고 차바퀴에 체인을 치고 나서야 바리케이드가 치워지고 건봉산 자락을 오를 수 있었다. 이미 병사들이 제설 작업을 해 길 위의 눈은 치워져 있었지만 바람이 심해 쌓여 있는 눈이 길 위에 날리다 보니 아차 실수하여 눈에 미끄러지는 날에는 깊은 골짜기로 떨어질 판이었다. 그토록 이곳에 오르기를 고대해 왔지만 막상 위로 올라갈수록 괜히 왔다 싶은 후회가 드니 인간이 어찌 이리 간사스러울까 싶었다.

드디어 도착한 건봉산 꼭대기. 멀리 동해 바다가 아득히 펼쳐 보이고 멀리 화진포가 하얀 얼음을 안고 조용히 누워 있었다. 여기가 고진동인가 했더니 이제는 다시 다른 방향으로 내려가야 한다는 것이었다.

급경사진 길을 내려갈 때마다 가슴까지 올라오는 내장을 쓸어내렸고 마침내 길 끝까지 가니 녹슨 이중 철책선이 길을 가로 막았다. 바로 고진동에 도착한 것이다. 고진동은 예부터 금강산 산행을 하느라 이곳까지 걸어올라 오면 그 고생이 다 끝난다고 해 붙여진 이름이라고 했다. 그만큼 힘든 여정이었다.

그런데 철책선 너머로 눈을 씻고 쳐다봐도 산양은 보이지 않고 바위와 가지만 남은 앙상한 나무들만 보였다. 초병에게 물으니 바로 저 앞에 산양이 있다는 것이었다. 산양은 주변 환경과 거의 비슷한 보호색을 띠고 있고 평소에 거의 움직이지 않고 가만히 있기 때문에 잘 관

DMZ의 산양

찰해야 보인다고 했다.

그때 마침 철조망과 국방색에 익숙한 산양이 이방인들을 보고 짐짓 놀랐는지 다섯 마리가 서서히 올라가는 게 보였다. 산양들은 양지 바른 풀밭 위에서 마른 나뭇가지를 꺾어 먹었다. 너무 얌전한 산양은 매력이 별로 느껴지지 않았지만, 주변의 고요한 분위기와 그들의 생활 방식은 꽤나 어울리는 듯 느껴졌다.

아무리 기다려 봐도 마른 나뭇가지를 꺾어 먹는 것 외에는 별 행동이 없어 오소동 쪽으로 가보기로 했다. 가는 도중 지난 68년부터 71년까지 노무현 대통령이 근무했던 부대 앞에 '노무현 벙커'라고 이름 지어진 입석이 보였다. 그것은 한국의 역사상 '장군'들이 주로 역임했던 대통령직을 육군 상병 출신이 해냈다는 의미로 읽혔고, 그 입석은 그러한 민주주의의 상징처럼 느껴졌다.

오소동으로 가려면 고진동으로 내려온 길을 다시 올라가 또 다른 길로 내려가야만 하는데 고진동 내려가는 길은 그나마 양반이었다. 오소동으로 내려가면서 땀에 찬 두 손을 꼭 쥐고 그냥 돌아가자고 할걸 괜히 왔다고 수없이 후회했다.

산양이라는 이름값에 걸맞게 산양은 사람이 잘 다니지 못하는 정말 깊고 깊은 산속에 살고 있었다. 산양이 멸종위기종이라는 사실은 우리 인간의 문명이 지나치게 자연을 침범하고 있다는 것을 역설적으로 보여주는 듯했다. 그래서 산양을 이렇게 만나기 힘들다는 사실이 오히려 고맙게 느껴졌다.

드디어 오소동에 도착하자 철책 저 너머에서 다행히도 새끼 한 마리를 데리고 어미 산양이 나뭇가지를 뜯어먹고 있는 것이 보였다. 초소 위에서 촬영하는데 국방색이 아닌 옷 색깔이 신경이 쓰였는지 새끼를 데리고 서서히 능선 너머로 사라졌다. 아스라한 현기증 속에서도 저렇게 멀리 떨어져 있는 산양의 눈과 코를 어떻게 클로즈업해서 촬영할까 하는 고민이 들었는데, 어쩔 수 없는 직업병인가 하는 생각이 들어 나도 모르게 헛웃음이 절로 나왔다.

연어가 헤엄치고,
열목어가 뛰는
DMZ

낮에 연어 치어 방류식을 한다기에 고진동으로 달려갔다.

곧이어 동해 수산 연구원에서 사육한 연어 치어들이 도착하고 치어를 방류할 학생들과 건봉사 신도 그리고 연사모(연어 사랑 모임) 회원들이 도착하고 연대장과 건봉산 대대장, 병사들이 합류하여 방류식이 시작됐다.

연어는 대양의 해류를 따라 회유하다 4~5년이 지나면 자신이 어렸을 때 살았던 모천母川으로 회귀하는 몇 안 되는 희한한 어류 중의 하나다. 연어는 회나 훈제 연어로 즐겨 먹는데, 이런 모천회귀 본능을 이용해 태평양 연안 각국에서는 치어를 생산해 자국의 강에서 방류하여 성어가 된 후 모천으로 회귀하는 연어를 잡아 수산 자원으로 활용하는 것이다.

우리나라에서는 연어가 대표적으로 회귀하는 양양 남대천에서 치어를 주로 방류하는데 이곳 건봉산 골짜기 고진동 철책선 가까이에 있는 냇가에서도 방류를 한다.

계곡이 깊고 울창해 경치가 빼어나게 아름다운 이곳 고진천에는 많은 민물고기들이 서식하는데 DMZ를 가르는 철책선에 의해 허리가 끊어져 있다. 비록 고진천은 철책선으로 가로막혀 있지만 계곡을 흐르는 물은 거침없이 철책을 넘어 북으로 흐른다. 바로 그 철책 끝자락 개천에다 연어 치어를 방류하는 것이다.

2~3cm 정도 되는 연어 치어들은 금강산 비로봉에서 발원하여 DMZ 지역 중 유일하게 남쪽에서 북쪽으로 흐르는 남강으로 헤엄쳐 가 동해로 빠져나간 뒤 북태평양 해류를 따라 이동한다. 그리고 4~5년 뒤 성어가 되어 우리나라 남강을 따라 다시 올라와서 산란을 하고 장렬하게 일생을 마친다.

연어의 모천으로의 회귀는 과학으로도 설명할 수 없는 신비한 자연 현상이다. 어떻게 제가 떠난 모천을 알고 다시 돌아올까? 마치 철새가 되돌아오듯이 신기할 따름이다.

수중 백에 6mm 카메라를 담아 물속에서 힘차게 헤엄치는 연어 치어를 수중 촬영했다. 고사리 같은 어린 학생들의 손, 이곳을 지키는 병사들의 손을 떠난 연어 치어들이 고진동 맑은 개천 물속을 힘차게 헤엄쳤다. 지금은 작고 어린 물고기지만 철책선을 넘어 남강과 동해, 태평양을 헤엄쳐 가며 크고 강한 연어로 거듭날 것이다. 4~5년 뒤 과연 몇 마리나 어른이 되어 살아 돌아올지는 아무도 모르겠지만 새끼 연어들아, 잘 가라!

연어 다음으로 공들여 촬영한 물고기는 바로 열목어였다.

수입천은 금강산 맞은편인 북한의 강원도 회양군(양구군) 수입면 청송리에서 발원해 남쪽으로 흘러 화천의 파로호로 흘러드는 34.8 km에 달하는 북한강 지류다. 열목어뿐만 아니라 어름치, 메기, 꺽지, 퉁가리, 쉬리 등 토종 민물고기가 서식하는 아주 깨끗한 하천이다. 이 하천의 하이라이트가 바로 두타연이다.

열목어는 봄이 되면 찬물을 찾아 상류로 올라가 산란을 한다. 수입천을 거슬러 올라온 열목어가 찬물을 찾아 상류로 헤엄쳐 철책선 사이로 빠져나가 북으로 올라가는 것이다. 그런데 바로 그 길에 두타연의 폭포수가 있다. 열목어가 산란하기 위해서는 반드시 그 연못의 폭포수를 거슬러 올라야 하는 것이다. 이 폭포를 타고 힘차게 뛰어오르는 열목어의 모습은 장관이다.

그런데 열목어는 아무 때나 뛰어올라 가는 것이 아니라 날씨가 쾌청하여 햇빛이 쨍쨍 내릴 때나 비가 올 때 뛰어오른다.

두타연에도 봄이 오긴 왔는지, 폭포 주변으로 진달래가 활짝 피었고 돌단풍이 하얗게 바위틈에서 피어나고 있었다. 주변 바위 위에 물이 고인 곳에서는 개구리 알이 널려 있고 이미 알에서 깨어난 올챙이

들이 몸통지느러미를 좌우로 흔들며 헤엄치고 있었다. 그 옆에서는 무당개구리들이 너도나도 이 시기를 놓칠 수 없다는 듯 짝짓기에 열심이었다.

그런데 아침부터 꾸물거리던 날씨가 갤 생각을 하지 않았다. 날씨가 쨍쨍해 온도가 올라가야 폭포수를 타고 찬물을 찾아 상류로 올라가는데 날씨가 영 도와주지 않는다. 일단 수중 촬영 팀이 준비를 하고 연못 물 속으로 들어가 촬영을 해보니 열목어 몇 마리가 폭포수 밑에서 헤엄치고 있는 것이 포착되었다. 날씨가 개어 해만 나와 준다면 열목어들이 폭포수를 뛰어 올라가는 멋진 장면을 촬영할 수 있을텐데…… 결국 날씨는 끝까지 도와주지 않고 흐린 채 날이 지고 말았다.

밤새 잠 못 이루며 날씨가 쾌청해 주기를 빌고 또 빌었건만 다음날도, 그 다음날도 날씨는 전날과 마찬가지였다. 두타연의 천지신명께서 뭔가 잔뜩 틀어진 모양이었다. DMZ에서의 촬영은 촬영할 대상, 관할 군부대의 허가, 그리고 날씨, 이 삼위일체가 맞아 떨어져야 하는데, 한 가지만 틀어져도 밤새 잠 못 이루고 조바심 속에 하얗게 지내야만 하는 것이다.

다음날 아침부터 푸른 하늘에 하얀 뭉게구름이 흐르는 모양을 보니 요즘 보기 드물게 끝내주는 날씨가 될 것 같았다. 오전에서 오후로 넘어가면서 햇빛도 쨍쨍 수온도 많이 올라간 것 같았다. 그런데 점심을 먹고 연못을 뚫어지게 바라봐도 열목어가 뛰는 모습은 좀처럼 볼 수가 없었다. 시계를 쳐다보니 1시 반이 넘어가고 있었다. '이때쯤이면

수입천 상류의 대전차 방호벽을 뛰어오르고 있는 열목어

뛰어야 되는데 오늘도 공치는 게 아닌지 몰라.' 하며 은근히 불안해지기 시작했다.

'뛰어올라 갈 녀석들은 이미 다른 날 다 올라간 게 아닐까?'

'아니면 아직 뛸 시기가 덜 되었을까?'

머릿속은 온갖 이런저런 생각에 복잡해졌다.

바로 그때였다.

"앗! 열목어다!"

까만 열목어가 하얀 폭포 물살을 가르며 힘찬 점프를 시작한 것이다. 생명이 요동치는 소리가 들려오기 시작한 것이다. 이곳 촬영은 수중 팀에 맡기고 카메라 감독과 난 부랴부랴 수입천 상류 철책선으로 달려갔다. 그곳에서도 여기저기서 생명의 요동소리가 마구 들려오고 있었다. 이런 모습을 직접 보지 않고는 그 감동과 희열을 어찌 알 수 있을까? 바로 이 순간 열목어가 그렇게 아름다워 보일 수가 없었다.

^
^
^

한국 유일의
고층 습지,
용늪

　강원도 인제군 서화면 서흥리에 우뚝 솟아 있는 해발 1280m의 대
암산 용늪에 자생하고 있는 야생화를 촬영하러 관할 부대의 정훈 장
교를 태우고 대암산을 올랐다. 산 정상엔 고층 습지가 형성돼 있는 자
연 생태의 보고 용늪이 자리하고 있다. 천연기념물 제246호로 지정되
어 있을 뿐만 아니라 97년에 람사르 협약(습지보전국제협약)에 가입되
어 있는 습지 1호로 환경부가 자연 생태 보전 지역으로 지정 보호하
고 있다. 게다가 산 정상엔 군부대가 주둔하고 있어 원주 지방 환경청
과 관할 군부대의 허락을 얻어야만 출입할 수 있다.
　대암산大岩山은 글자 그대로 '커다란 바위산'으로 이름처럼 산자락

부터 정상에 이르기까지 집채만 한 바위들이 펼쳐진 험한 산이다. 그렇지만 정상에 오르면 산 아래와는 사뭇 다른 풍경이 펼쳐진다.

동서로 275m, 남북으로 210m나 뻗친 엄청난 크기의 자연 습지가 정상의 산봉우리 사이에 둘러싸여 평평하게 펴져 있는데 사초라는 습지 식물들이 파랗게 피어 있는 이 습지가 바로 용늪이다. 용늪이란 '하늘로 올라가는 용이 쉬었다 가는 곳'이라 붙여진 이름으로, 남한에서는 유일하게 존재하는 고층 습원이다.

이곳은 약 4,500년 전에 형성된 곳으로 식물체가 완전히 분해되지 않은 채 퇴적된 이탄층으로 그동안의 생물체의 변화를 살펴볼 수 있는 곳이다. 용늪에 만들어진 이탄층은 평균 1m이며 깊은 곳은 1.8m나 되는 곳도 있다. 이곳에서는 봄과 여름에 걸쳐 각종 아름다운 야생화가 피는데 그중에서도 금강초롱과 비로용담, 제비동자꽃, 큰연령초 같은 희귀한 꽃들과 식충 식물인 끈끈이주걱, 북통발이 서식하고 있는 자연 보고다. 본격적인 여름이 되면 아름다운 야생화들이 이 용늪을 장식한다.

대암산을 올라가는 길은 생각보다 험했다. 지난 장마 때 진 홍수에 흘러내린 토석을 치우고 쏟아 내려오는 물을 아래로 빼내느라 곳곳에 물고를 내놓아 차가 너무 덜컹거렸다. 그나마 병사들이 이 정도로 복구를 해 놓아 차로 올라갈 수 있어서 다행이었다. 아니면 헬기로 올라가야 할 뻔했으니까.

대암산 올라가는 길 주변에 동자꽃이 탐스럽게 피어 있었다. 다음에 시간을 내어 동자꽃 봉우리가 피어나는 영상을 미속 촬영하기로 했다. 일단 산 정상으로 올라가 용늪으로 내려가 보니 나무들의 잎이 많이 우거져 내려가는 길이 거의 덮여 있었다. 그리고 여름 꽃인 동자꽃, 이질꽃, 오이꽃 등이 만발해 있고, 사초가 엄청나게 우거져 늪을 뒤덮고 있었다. 늪으로 물이 흘러드는 골 옆엔 식충 식물인 끈끈이주걱 몇 그루가 자생하고 있었다. 그리고 늪 한 편엔 제비동자꽃 몇 송이와 구름패랭이 꽃들이 이 용늪의 아름다움과 신비스러움을 더해주고 있었다. 어디를 둘러보아도 잘 보호하여 대대로 물려주어야 할 우리들의 소중한 자연 유산이라는 생각이 들었다.

용늪에 소담스럽게 핀 여름 야생화들을 촬영한 후 하산하여 늦은 점심으로 콩국수를 들었다. 산 정상은 바람이 불어 그런대로 견딜 만했는데 아래로 내려오니 찌는 듯한 폭염에 숨이 막힐 지경이었다. 숙소도 에어컨이 없을 뿐만 아니라 건물이 뜨거운 태양에 달아올라 무덥기는 마찬가지였다. 인근 주민에게 더위를 식힐 만한 시원한 계곡을 물어 숙소 주변에 있는 광치 계곡으로 가 물속에 발을 담그고 독서 삼매경에 빠졌다. 언제 그런 폭염에 시달렸을까 싶게 발로부터 타고 올라오는 찬 기운에 온몸이 서늘했다.

^
^
^

복수초와 에델바이스가
피어나는 그곳이여,
영원하라

DMZ에는 정말 다양한 생물이 살고 있다. 흔하게 볼 수 없는 꽃을 보는 즐거움도 DMZ의 매력 중 하나다. 길을 가다 우연히 발견하는 희귀한 꽃들. 그것은 우연히 다가오는 행운이기도 했다.

한번은 겨울이 끝나갈 무렵 복수초를 발견한 적이 있었다. 봄의 전령사란 별명을 가지고 있는 복수초의 하이라이트는 겨울에 언 땅을 헤집고 나와 눈이 채 녹지 않은 땅에서 맨 처음 매력적인 노란 꽃을 피울 때의 모습이다.

그런데 이런 모습을 찾기란 정말 어려운 일이다. 만개한 복수초는 찾기도 어려울 뿐 아니라 눈을 비집고 나온 꽃을 발견한다는 건 하늘이 도와주어야만 가능한 것이다. 그런데 그런 복수초를 우리가 촬영하는 데 성공했다.

두루미가 모두 떠나버려 위장막을 깨끗하게 철수하고 오는 길이었다. 우리는 철원 남쪽과 접경 지역인 포천시 관인면 토담 계곡 내에 있는 군 작전 도로를 따라 내려갔다. 차를 타고 가던 도중, 예전에 이 근처에서 복수초를 찍었다던 한 사진작가의 말이 떠올랐다. '혹시 올해도 있을까?' 하는 마음에 주변을 샅샅이 살펴보았다. 그런데 정말 계곡의 얼음판을 깨고 나온 복수초들이 한껏 자태를 뽐내고 있는 것이 아닌가. 부랴부랴 클로즈업 렌즈와 접사 렌즈를 동원해 얼음판 옆에 핀 복수초를 촬영했다. 마지막으로 오후가 되자 활짝 피었던 노란 꽃이 온도가 내려감에 따라 다시 꽃봉오리를 접는 모습까지 미속 촬영해두었다. 만개한 노란 복수초를 보면 행운이 온다는데 정말 행운의 날인 것 같았다.

또 한 번의 놀라운 경험은 향로봉에서 말로만 듣던 에델바이스(우리나라명 '솜다리')를 보게 된 일이었다. 그것은 오래도록 잊지 못할 경험이었다. 설악을 제외하고 다른 곳에서는 좀처럼 볼 수 없는 솜다리를 마주하게 되다니 놀라운 일이었다.

촬영 팀은 몇 미터 앞이 안 보일 정도로 짙게 가라 앉은 안개를 헤치며 새벽 같이 산을 오르는 중이었다. 이곳에 에델바이스가 있다고 말로만 전해 들었는데, 재수가 좋다면 볼 수도 있겠구나 하는 막연한 생각으로 산을 올랐다. 그런데 시간이 지나도 안개는 걷히지 않고 더

얼음이 녹으면서 그 자태를 드러낸 노란 복수초(위)
에델바이스 군락(아래)

심해질 뿐이었다.

"향로봉 산신령이 오늘도 또 안 도와 주는군."

짙은 안개에 체념하다시피 정상에 올랐는데 무엇인가 안개 속에서 하얗게 손을 흔드는 것이 보였다. 좀더 가까이 다가가보니 바람에 흔들리는 구절초 군락이었다. 그 옆에는 보라색 투구꽃과 연한 옥색의 금강초롱이 안개에 젖어 다소곳이 고개를 수그리고 있었다. 그리고 여름 내내 그 붉은 기운을 자랑했을 것 같던 산오이풀이 쉬 찾아온 가을 추위에 제 모습을 유지하고 서 있기가 힘든 듯 분홍빛으로 바랜 모습으로 휘몰아치는 바람에 몸을 맡긴 채 흔들거렸다.

때마침 한 떼의 병사들이 진지 보수 작업을 하러 작업 도구를 들고 지나갔다. 나는 인솔하는 중대장에게 대뜸 질문을 던졌다. 뜻밖의 야생화와 잔뜩 마주친 들뜬 심정이 목소리에 그대로 묻어났다.

"혹시 저 너머에서 에델바이스를 보지 못했나요?"

"네?"

생각치도 못한 질문에 중대장이 당황한 듯 물끄러미 바라보더니 말했다.

"에델바이스가 어떻게 생겼는지도 모르는데요."

중대장이 무안한 듯 병사들을 재촉해 서둘러 산 너머 안개 속으로 사라졌다.

능선에 구축된 호를 따라 구절초들이 하얗게, 산오이풀이 바랜 분홍빛으로 하늘거리고, 그 너머로 안개가 걷히는 듯하면 저 멀리 아득

173

히 늘어진 능선이 보였다가 잿빛 장막에 가리기를 반복했다. 그러다가 안개만으로는 이방인을 쫓아낼 수 없다고 생각했는지 후두둑 빗방울이 하나둘 떨어지기 시작했다.

바로 그때 함께 온 정훈 장교가 무심한 듯 말을 뱉었다.

"이게 무슨 꽃이지요?"

자세히 보니, 그건 바로 내가 몽매간에 찾으려던 에델바이스였다.

그렇지만 마냥 기뻐만 하고 있을 수는 없었다. 가늘던 빗방울이 차츰차츰 거세게 떨어졌다. 우리는 재빨리 에델바이스를 카메라에 담았다.

"고맙습니다, 향로봉 산신령님!! 정말 고맙습니다."

나는 연신 감사의 말을 쏟아냈다.

· · ·

긴장의 땅, 잊혀진 땅 우리의 DMZ에서 살아 꿈틀거리는 자연 생명들과 병사들의 모습을 통해 남북 분단의 아픔과 평화 통일에의 민족적 염원을 담아내 보고자 제작했던 〈DMZ는 살아있다〉 3부작 프로그램은 이러한 우여곡절 끝에 MBC 창사특집 자연 다큐멘터리로 무사히 방송되었다.

PD는 누구나 그러하듯이 자신이 제작한 프로그램이 방송되는 화면을 보며 '더 잘 만들 수 있었는데…….' 하며 아쉬움을 느끼며 후회

향로봉에서

하기 마련이다. 그러나 이 프로그램만큼은 감회가 달랐다. 민간인 출입의 엄격한 통제와 육군 본부의 제한된 허가, 전방 각 사단 공보 정훈 장교의 동행 하에 진행된 어려운 상황에서 이나마 촬영해낸 게 정말 운이 좋았던 게 아닌가 싶었다.

촬영하러 갈 때마다 마치 자기 일처럼 도와주고 관심과 격려를 아끼지 않았던 전방 각 사단의 정훈 장교들이 없었다면 정말 이런 프로그램이 나올 수 없었을 것이다. 그것이 바로 사람의 힘이다. 좋은 자연 다큐멘터리를 찍기까지는 어느 정도 사람들의 협조가 필요하다.

한겨울에는 영하 20도 아래로 내려가는 혹한 속에서 아이스크림이 되어버린 김밥을 씹어 먹으며 하루를 견뎌내고, 한여름에는 찌는 듯한 더위에 숨을 헐떡거리며 오작교 위 까마득한 소초를 오르락내리락 하며 촬영을 하면서도 불평 한 마디 하지 않고 이 모든 것을 촬영해 낸 김용남 카메라 감독과 스태프들의 노고 또한 어찌 잊을 수 있을까? 어쩌면 우리 모두 하루빨리 남북 분단의 아픔을 평화 통일로 씻어내고 온갖 자연 생명들로 살아 꿈틀거리는 이 땅을 자손 대대로 보존해야 한다는 사명감에 똘똘 뭉쳐 있었기에 가능한 일이 아니었나 싶다.

먼 훗날 우리의 소망대로 평화 통일이 이루어지고 온갖 자연 생명들이 살아 꿈틀거리는 이 아름다운 DMZ가 세계 자연 유산으로 지정 보호되어 자자손손 이어져 내려가는 그날이 온다면 정말 좋겠다.

5장

인간보다
더 인간미 넘치는
녀석들

^
^
^

이 험준한 산을
카메라 메고
올라가라고?

쾌속선은 호수 물결을 힘차게 박차고 나갔다.

평균 수심 1,800m로 전 세계 호수 중 두 번째로 깊다는 탕가니카 호수다. 호수라기보다는 거대한 바다처럼 느껴졌다. 쾌속선은 탕가니카 호수의 파도를 헤치느라 그르렁거리며 달리다가 몸을 부르르 떨었다. 드디어 저 멀리 탄자니아의 대표적 국립 공원인 마할레 산이 구름 속에 반쯤 잠겨 우뚝 서있는 모습이 보이기 시작했다.

2007년 5월, 나는 아프리카 행 비행기에 올랐다. 인간과 닮았다는 침팬지를 만나러 탄자니아로 가는 길이었다.

한국을 출발해 서아시아의 두바이를 거쳐, 아프리카 동부에 위치한 탄자니아의 옛 수도인 다르에스살람으로, 곧이어 쌍발 프로펠러 비행기를 타고 키고마까지 와서 다시 배를 타고 호수를 가로질러 오기를 3시간. 드디어 마주한 마할레 산이었다. 짙푸른 밀림이 드넓게 펴져 있는 모습이 범상치 않아 보였다.

마할레 국립 공원은 침팬지들의 낙원이다. 사전 조사를 해보니, 거기에는 침팬지들이 좋아하는 여러 종류의 과일나무와 야자나무 등 열대림이 우거져 있다고 했다. 멀리서 본 마할레 산은 침팬지뿐만 아니라 마치 신선들이 노닐고 있는 것처럼 푸르고 깊어 보였다.

인간과 닮은 동물을 유인원이라고 하는데, 오랑우탄, 침팬지, 고릴라, 긴팔원숭이가 여기에 속한다. 유인원의 특징 중 하나는 인간처럼 꼬리가 없다는 점이다. 그래서 꼬리가 있는 원숭이는 유인원에 속하지 않는다.

그런데 유인원 중에서도 침팬지는 참 똑똑하고, 인간과 닮은 점이 많다. 침팬지는 인간과 유전자 구조가 거의 99% 일치할 정도로 인간과 비슷하다. 침팬지는 같은 무리 내에서 한 가족이 아닌 여러 가족과 더불어 살아간다. 그래서 인간보다 더 인간적인 측면도 있으면서 야생 동물이 지니고 있는 야생성도 갖고 있는 유인원이다. 우리 제작진은 앞으로 6개월 동안 이 마할레 산에 머물면서 침팬지를 관찰하게 될 터였다.

배에서 짐을 내리고 게스트 하우스로 짐을 옮기는 도중 해가 서산으로 넘어가 밤 그늘이 드리우기 시작했다. 숙소에 여장을 풀고 잠시

나무 위에서 이크비라 열매를 따먹고 있는 어린 침팬지

누워 있자니 주변은 조용한데 파도 소리만 철썩철썩 들렸다. 그야말로 이 세상 다 잊고 아무 생각 없이 푹 쉬었다 갈 수 있는 곳이랄까? 지도상에서는 도저히 알 수 없는, 숨겨진 휴양지 같았다. 하늘에서는 별들도 우수수 쏟아질 것만 같았다.

'아, 정말 이런 곳도 다 있구나!'

탄성이 절로 나왔다.

그런데 주변 환경과 달리, 숙박 시설에서는 따뜻한 샤워는 고사하고 찬물도 나오지 않았다. 이 게스트 하우스에서 우리는 앞으로 반년을 보낼 예정이었는데, 시작부터 고생길이 눈에 선했다. 지난 경험으로 볼 때, 사실 이런 상황은 아프리카니까 너무 신경 쓰지 않는 게 상책이다. 호수에서 길어 온 물로 씻는 둥 마는 둥 대충 얼굴을 훔치고 마할레에서의 첫날밤을 맞았다.

다음날 새들이 요란스럽게 지저귀는 소리에 눈을 떠보니 밖은 아직 컴컴했다. 7시나 되어야 날이 밝아올 것 같았다. 우리 팀의 요리사인 크리스티안이 아침 식사를 준비했는데, 아침 식사라야 삶은 감자에 생오이 몇 쪽, 그리고 어제 먹다 남은 밥이 전부였다. 삶은 감자 몇 쪽씩 먹고 전날 저녁에 먹다 남은 밥에다 고추장 비벼 먹고 아침을 대충 때웠다. 이거 먹고 저 먼 산을 오를 생각을 하니 한숨이 절로 나왔다. 그나마 한국에서 부식이라고 조금 가져온 건 다른 짐과 같이 차편으로 운반하느라 아직 도착하지 않았으니 그림의 떡일 뿐이었다.

어쨌든 삶은 감자를 싸서 배낭에 지고 침팬지를 찾으러 산을 올랐다. 가이드의 안내에 따라 올라가는 도중에 예전에 원주민들이 쓰던 멧돌과 옹기를 발견했다. 이곳에도 원래 사람들이 살았으나 국립 공원으로 지정된 이후에는 모두들 밖으로 이주해 나갔다고 했다.

완만한 경사지를 지나 경사가 제법 되는 언덕을 모두들 땀을 뻘뻘 흘리며 한 시간 가량 올라갔다. 아직 침팬지는커녕 침팬지 소리도 안 들렸다. 다시 '키보코'라고 불리는 더 높은 지역까지 올라갔다. 길이 험해 정글 칼로 풀과 나뭇가지를 헤쳐 길을 내며 올라갔다.

이 깊은 밀림에서 침팬지를 찾기도 어렵거니와, 찾았다고 해도 녀석들이 마지막에 어디에서 잠을 잤는지 알 수가 없으니 매일같이 처음부터 다시 훑으며 찾는 수밖에 없다. 또 녀석들이 쉽사리 "나 여기 있어요!" 하며 모습을 나타낼 리 없다. 그저 위로 올라가다 쉬면서 녀석들이 내는 소리를 듣는 수밖에 없었다. 정상에서 침팬지가 내는 소리를 확인하느라 한 30분 정도 앉아 기다렸지만 침팬지 소리는 영 들리지 않았다. 가이드 말로는 모두들 먹이를 찾으러 건너편에 보이는 더 높은 산으로 올라간 것 같다고 했다. 그런데 그곳은 높기도 하거니와 주변이 낭떠러지라 위험해서 올라갈 수 없다고 했다.

문제는 매일같이 이렇게 무작정 산에 올라 침팬지를 찾으러 돌아다니다가는 도저히 체력이 못 버틸 것 같다는 것이었다. 카메라맨들도 카메라 장비를 직접 메고 산에 올라갔다 내려오는 게 꽤 난처한 기색이었다. 촬영도 하기 전에 장비 들고 올라가다 힘이 다 빠져서 막상 침팬지들이 나타나면 촬영이 제대로 될까 걱정이었다.

그래서 의견을 모은 끝에 가이드에게 마을 분들 중에서 카메라를 메고 올라갈 일꾼과 침팬지를 찾아 연락해줄 사람이 있는지 알아봐 달라고 부탁했다. 아무래도 이곳 지형에 익숙한 현지인이 먼저 산에 올라가서 침팬지를 찾아 제작 팀에게 무전기로 연락하는 편이 훨씬 시간과 수고를 덜 수 있는 방법이라고 생각했다. 가이드는 곧바로 산을 잘 타고 침팬지를 잘 찾는 '삼'이라는 주민을 우리에게 소개시켜 주었다. 험한 현장에서 다큐멘터리를 찍다보면 사람들의 도움을 받는다는 것만큼 큰 축복은 없다는 것을 깨닫곤 하는데, 그때가 꼭 그랬다.

^
^
^

침팬지가
성큼성큼 코앞을
지나가다

"여기 침팬지 찾은 것 같아요!"

다음날 점심때쯤 이미 산을 올라가 있던 '삼'과 조연출로부터 무전 연락이 왔다. 근처에서 침팬지 소리가 들렸다는 것이다. 그래서 부랴부랴 카메라를 챙겨 따라가 보니 과연 숙소에서 얼마 떨어지지 않은 숲 속에 한 떼의 침팬지가 쉬고 있는 것이 보였다. 녀석들을 만나려면 더 많은 노력과 정성을 기울여야 하지 않나 싶었는데 이렇게 쉽게 마주치다니 우리의 전략이 맞아떨어진 것 같아 기뻤다.

침팬지들이 특유의 '우우' 소리를 지르면서 이 나무에서 저 나무로 뛰고 큰 소리를 지르며 난리가 났다. 그중에 새끼를 거느린 어미들은 우리 팀을 경계하는지 새끼와 같이 주로 땅바닥으로 걸어 다닐 뿐 나무 위로 올라가지는 않았다. 이곳 영장류 연구소의 연구원의 말로는, 이 침팬지들은 65마리 정도로 이뤄진 '엠M 커뮤니티'로 불리는 무리인데, '알로루'라 불리는 리더가 무리를 이끌고 있다고 했다.

침팬지들은 여러 마리가 한데 모여 하나의 큰 무리를 지어 돌아다닌다. 마할레 산에는 침팬지가 대략 700~2,000마리 정도가 서식하는데, 각 지역별로 영역을 나눠 하나씩 무리를 지어 살고 있다고 했다. 근처 곰베 지역은 침팬지 박사인 제인 구달의 연구소로 아주 유명한데, 이곳 마할레는 한 번도 다른 방송국에서 찍어가지 않았다고 했다. 게다가 마할레는 곰베보다 계곡도 깊고, 먹이도 풍부할 뿐만 아니라 관광객들도 훨씬 적어 침팬지들이 훨씬 더 야생적이라고 했다. 이런 마할레의 침팬지들을 최초로 촬영하고 있다는 사실에 우리 제작 팀의 열정은 더욱 불타올랐다.

바로 옆에서 계속 관찰을 해보니, 길 위에 앉아 털 고르기를 하는 녀석들이 있는가 하면, 야생 머루를 따 먹고 씨앗을 뭉치째 뱉는 녀석도 있었다. 사바플로리다나무 열매는 침팬지들이 가장 좋아하는 과일인데, 아직 열매를 맺지 않아 나무줄기 안의 연한 부분을 갉아먹기도 했다. 침팬지들은 이렇게 한 장소에서 20~30분 정도 먹고 쉬다가 "우우, 우우" 한바탕 소리를 질러 서로 신호를 한 후 다른 장소로 이동해 갔다. 침팬지들은 소리도 다양하고 표정도 갖가지였다. 인간처럼 언어를 사용해 소통하는 것 같았다.

어슬렁어슬렁 걸어 내려오는 침팬지가 바로 눈앞을 지나가는데, 아무 관심도 없다는 듯 성큼성큼 지나가더니 앞에 있는 커다란 야자나무 위로 나무줄기를 잡고 마치 타잔처럼 올라갔다.

침팬지를 이렇게 가까이 보니 기분이 상당히 묘했다. 야생 동물과의 만남은 겪어보지 않고서는 그 기쁨을 아무도 모른다. 침팬지들이 우리 팀을 그렇게 민감하게 경계하지 않고 바로 코앞으로 유유히 지나가는 모습을 보니 앞으로 있을 촬영도 꽤나 기대가 됐다.

한 가지 아쉬운 것은 나무가 우거진 밀림이라 햇빛이 제대로 들지 않아 컴컴하고, 또 침팬지들이 시커멓기 때문에 영상이 뚜렷하게 잘 나오지 않는다는 점이었다. 첫술에 어디 배부르랴? 앞으로 질리도록 두고두고 촬영하다 보면 요령도 생기고 재미있는 장면도 잡을 수 있으리라 생각했다.

그런데 첫 조우 이후, 하루가 지나고 일주일이 지나고, 2주일이 지나도 침팬지는 나타나지 않았다. 시간이 흘러도 침팬지를 만나지 못하는 날들이 계속되자 마음이 급해지기 시작했다. 그런데 침팬지를 만나지 못하는 데는 이유가 있었다.

지구상의 기후 변화 때문에 전 세계가 헷갈리는 건 어제 오늘이 아닌 것 같다. 우리가 만난 영국인 관광객이 말하길, 영국은 섭씨 34~35도를 오르내리는 폭염 때문에 난리인데 오히려 아프리카는 시원해서 자기 나라로 돌아가기가 싫다는 것이었다.

마할레 국립 공원도 건기인데도 불구하고 우기처럼 비가 억수같이 퍼붓는 바람에 침팬지들이 좋아하는 과일들이 하나도 익지 않은 사태가 벌어졌다. 그래서 침팬지들은 먹을 것을 찾아 우리들이 접근할 수 없는 아주 높은 지역까지 올라가 버렸다. 높은 절벽과 협곡으로 더 이상 쫓아갈 수가 없으니 녀석들이 돌아와 주기만을 기다릴 수밖에 없는 상황이었다.

어쩔 수 없이 2명씩 1개조를 편성해 멀리 산 근처까지 가서 무리에서 떨어져 지내는 녀석들을 찾아다녔지만, 그 녀석들도 자주 볼 수가 없었다. 그나마 이 먼 곳까지 찾아온 관광객들이 딱하니 나타나면, 침팬지들은 인간이 접근할 수 없는 더 깊은 숲으로 숨어 들어가 버리곤 했다. 돌아보면 처음 이곳에 도착해서 침팬지들을 두어 번 마주친 것도 큰 행운이었다.

가이드는 침팬지들이 그 지역에 열려 있는 열매들을 다 먹은 다음에야 이쪽으로 다시 돌아올 거라고 했다. 그게 대략 한두 달이나 걸릴 것 같다고 했다. 녀석들이 혹시 그 전에라도 여기로 돌아올까? 그건 침팬지들 맘이다. 그러니까 우리는 그저 과일이 빨리 익을 수 있도록 비가 오지 말고 뜨거운 햇볕이 쨍쨍 비춰주기를 바라며 기다릴 수밖에 없었다.

∧
∧
∧

침팬지를
만날 때는
마스크를!

마할레에 온 지 벌써 한 달이 다 되어 갔다.

한국에서 가져온 음식도 이제 다 떨어져 갔다. 돈이 있어도 시장이 가까워야 장을 볼 텐데, 장을 보려면 배타고 하루 종일 걸려서 키고마까지 나갔다가 다음날 돌아와야 하니 보통 일이 아니었다. 배는 일주일에 한 번만 운행되고, 마을 승객마저 없으면 무작정 연기되니 답답할 지경이었다. 무거운 촬영 장비를 등에 지고 하루에 왕복 10여km나 되는 산을 오르내리려면 입에 맞지 않는 음식이라도 무조건 먹어야 했다.

이런 일상에 이력이 난 스태프들에게 가장 먹고 싶은 음식이 뭔지 물어보았다.

"지금 이 순간, 다들 뭐가 제일 먹고 싶으세요?"

"전 햄버거!"

"난 프라이드치킨!"

"난 매운 떡볶이, 아니 해물찜!"

스태프들의 입에서는 한국에서 먹던 음식 이름이 줄줄이 나왔다. 서로 얘기하는 동안 입안에는 침이 고였다.

그나마 다행이었던 것은 이곳의 요리사인 크리스티안이 가끔씩 나름 아프리카식 된장찌개를 끓여주었다는 점이다. 물에다 대충 된장을 풀어 끓여내 오는 수준이지만 한국 사람이 매운 맛을 좋아한다는 것을 알고 눈치껏 이 나라의 아주 톡 쏘는 매운 고추인 '삐리삐리'를 넣어 끓여냈다.

이 와중에 크리스티안이 자신 있게 내세우는 요리(?)가 있었는데, 바로 수제비였다. 밀가루를 반죽해 손으로 뚝뚝 잘라 넣은 멀건 국에 감자를 총총 썰어 넣고 식탁에 냄비째로 올려 놓으면, 우리들은 고춧가루를 뿌려가며 잘도 먹었다. 내용물이야 한국에서 먹는 수제비에 비할 바는 아니었지만, 맛은 결코 뒤지지 않았다.

일주일 전 시내로 배 타고 나가는 마을사람에게 장을 봐달라고 부탁했었는데, 그가 오늘 한 보따리 부식을 싸들고 들어왔다. 생수와 채소, 과일, 밀가루, 쌀, 생선 통조림, 소시지, 잼, 커피, 케첩 등 부식 창고가 갖가지 식재료로 채워지는 걸 보니 마음이 뿌듯했다. 게다가 그런

날은 소고기나 돼지고기를 맛볼 수 있는 즐거운 날이었다. 전기가 들어오지 않아 고기를 냉동 보관할 수 없기 때문이다.

. . .

그렇게 우리는 조금씩 이곳 생활에 적응하고 있었다. 하지만, 침팬지들에게는 인간이라는 존재가 자꾸 이곳에 들어오는 것이 반가운 일은 아니라는 것도 알게 되었다.

독일의 세계적인 환경 보호 단체인 프랑크푸르트 동물 학회Frankfurt Zoological Society는 탄자니아의 국립 공원 보호를 위해 해마다 막대한 돈을 기부하며 이곳의 환경 보호를 위해 노력하고 있다. 그런데 이 학회 담당자가 한번은 우리를 찾아와 당부의 말을 하고 갔다. 그에 따르면, 지난해에 이곳에 서식하는 침팬지 중 14마리가 독감으로 죽는 사고가 발생했다고 한다. 인간과의 접촉이 원인이었던 것이다. 그래서 우리 촬영 팀도 침팬지 촬영 시 반드시 마스크를 착용해야 하며, 산에 음식을 가지고 들어가서는 안 된다는 것이었다. 관광객들은 1시간만 침팬지 관람을 허용하기 때문에 조금만 참았다가 숙소에 복귀해 식사를 하면 그만이지만, 우리는 아침부터 저녁까지 종일 산에서 촬영을 해야 하는데 음식까지 제한한다니 정말 큰일이었다.

게다가 침팬지를 만나게 되면 반드시 10미터 이상 떨어져 있어야 한다는 요구까지 했다. 다른 스태프들은 그렇게 하겠지만 카메라맨은 그 무거운 카메라를 들고 어떻게 즉각 움직일 수 있겠느냐며 담당자와 30여 분간 옥신각신하다 결국 '카메라맨은 예외'라는 양해를 받아냈다. 그나마 관광객처럼 1시간만 촬영하고 내려가라고 하지 않은 것만 해도 감지덕지해야 할 판이었다.

침팬지는 인간과 유전자가 99%에 가깝게 일치하기 때문에, 인간들이 가지고 온 나쁜 질병은 침팬지에게 치명적이다. 마할레에서는 하루에 관광할 수 있는 인원도 안내인을 포함해 18명으로 제한하고 있었다. 모든 이들은 마스크를 써야 하며, 침팬지에게 음식을 주거나 음식을 먹는 것도 당연히 금지다. 또한 감기나 독감이 걸린 관광객은 아예 산으로 침팬지를 보러 올라갈 생각을 하지 말아야 한다. 하지만 비싼 돈을 주고 아프리카까지 몇 시간을 날아왔는데, 과연 그들이 그냥 얌전히 돌아갈 턱이 있을까? 지난해 침팬지 집단 사망도 우리 인간들 때문이라니 안타까운 마음이 들었다.

게다가 국립 공원에서는 덫을 이용한 밀렵도 성행해 가끔씩 손발이 잘린 침팬지도 발견됐다고 한다. 이웃 나라인 우간다, 르완다보다는 그래도 아주 적은 편이라니 그걸 다행이라고 해야 할지…….

침팬지들은 제 땅 숲 속 과일나무에 열려 있는 열매들을 먹고 싶은 대로 이리저리 옮겨 다니며 따 먹으면서 아무 걱정 없이 자연 그대로 생긴 대로 잘 살고 있었다. 원시 시대에는 우리 인간들도 저 침팬지들처럼 살았으리라. 하지만 지금은 침팬지들은 원하지도 않는데 인간들이 단순히 구경하고 싶은 마음 때문에, 혹은 보호하고 연구한다는 미명 아래, 그리고 자기들의 생활을 기록한다고 생전 듣지도 보지도 못한 검은 카메라를 들이대는 바람에 침팬지들은 아름다운 낙원을 잃어가고 있는 것이다. 그냥 침팬지들끼리 거기 그렇게 살도록 놔두면 잘 살아갔을 텐데 말이다. 자연 다큐멘터리를 찍는 사람으로서 침팬지들에게 미안한 마음이 들었다.

^
^ ^
^

으악!
불개미에 물리고,
벌에 쏘이고

건너편 산꼭대기를 쌍안경으로 살펴보고 있는데 아래쪽에서 침팬지 소리가 들려왔다. '앗! 이건 무슨 소리지?' 하며 부랴부랴 내려가니 제법 물이 많이 흐르는 개울이 나왔다. 정글 속으로 길을 내며 한참 따라가다 보니 새끼를 업은 침팬지 어미가 또 다른 새끼를 데리고 숲 속으로 이동해 가는 것이 보였다. 길은 없지, 침팬지는 자꾸 이동해 가지 참 미칠 노릇이었다. 팔은 덩굴가지에 긁혀 피가 맺히고, 여기에다 한술 더 떠 높이가 낮은 덩굴을 지나려면 별 수 없이 낮은 포복을 해야만 했다. 그러면서 이 덩굴 저 덩굴 숲을 지나쳐 계속 이동할 수밖에 없었다.

그런데 앞서 가던 가이드가 불개미 굴을 밟는 바람에 바짝 독이 오은 불개미들이 지나가는 사람들의 옷 속으로 들어갔다. 갑작스럽게 개미들이 마구 무는 통에 모두들 불개미를 털어 내느라 야단이 났다. 불개미한테 물리면 여간 따끔한 것이 아니었다. 불개미가 몸 안에 들어오면 재빨리 옷을 벗어 털어내야 하는데 그럴 수 있는 형편도 안 되니 불개미가 살을 물어 따끔하면 그쪽을 들춰서 불개미를 떼어내는 수밖에 다른 도리가 없었다.

갑자기 때 아닌 불개미 소동에 침팬지 어미도 신경이 쓰였는지 개울을 건너가 이내 언덕 너머로 사라져 버렸다. 정말 오랜만에 만나는 침팬지건만 실망만 안고 쫓아가는 것을 포기하고 돌아가는데 결국 밀림 한복판에서 사단이 나고 말았다. 앞서 덩굴 숲을 헤치고 가던 가이드가 이번에는 땅벌 집을 건들고 먼저 지나가 버렸던 것이다. 우리야 아무 것도 모르고 그 뒤를 허겁지겁 따라가는데 갑자기 '윙' 하는 소리가 나며 머리가 따끔거리며 아파왔다.

"아, 악! 이거 뭐야?"

순간 고개를 들어보니 땅벌들이 무차별 공격해 오는 것이었다.

덩굴 속에서 소리도 못 지르고 머리를 감싸고 후다닥 뛰어도 벌들은 집요하게 쉴 틈도 없이 계속해서 쫓아오며 머리를 쏘아댔다. 정신이 아찔해졌다.

'이러다가 정말 죽는 거 아니야?'

함께 가던 조연출도 갑자기 일어난 일이라 아무 대책 없이 머리를

감싸고 바닥에 납작 엎드려서 앓는 소리만 해댔다. 다른 사람한테는 안 달려들고 유독 우리 두 사람에게만 달려들어 쏘아댔다. 돌아오는 길에 머리가 어찌나 아픈지, 머리카락을 헤집고 속을 만져보니 쏘인 자리가 울퉁불퉁했다. 이런 대규모 야생벌의 무차별 공격은 태어나서 처음 받아 봤다. 한참 걸어내려 오다 보니 쓰린 것이 서서히 가라앉는 것 같았다. 은근히 걱정했는데 다행이다 싶었다.

'약이라고 비싼 돈 주고 벌침도 맞는데, 공짜로 이렇게 많은 벌침을 맞은 걸 다행으로 여겨야 하나!' 하는 생각이 들었다.

숲 속에서 침팬지를 찍을 때 가장 곤혹스러운 녀석들이 또 있었는데, 바로 세렝게티에서도 악명 높았던 체체파리다. 이놈에게 물리는 순간 따끔하면서 그 다음부터는 주체할 수 없는 가려움 때문에 어쩔 수 없이 긁게 되고, 이 긁은 자국은 또 흉터가 되기도 한다. 이놈에게 물리면 심한 경우 병든 닭처럼 시름시름 한없이 졸다가 결국에는 죽게 되는 무서운 풍토병에 걸리기도 한다.

그런데 촬영을 하기 위해서는 잠깐 동안 꼼짝도 하지 않고 가만히 멈춰서 있어야 하는데, 그러면 바로 녀석들의 무차별 공격이 시작되곤 했다. 어떻게 귀신같이 그 순간을 아는지 얄미울 지경이었다. 이 공격을 피하려면 멈추지 말고 계속 움직여야만 한다. 촬영을 하려면 꼼짝하지 말아야 하는데 대체 어찌하란 말인가!

세렝게티에서도 그랬지만, 이들은 야생 동물들에게는 전혀 해를 끼치지 않으면서 인간들이 쉽게 접근할 수 없게 한다. 아프리카 밀림과 그 속의 야생 동물들이 이나마 자연 생태를 유지하고 있는 이유가 바로 이 녀석들 때문이라니, 눈 딱 감고 감수하는 수밖에 없을 것이다.

^
^
^

사랑한다면
침팬지처럼

"이곳에 침팬지 8마리가 있어요!"

"정말이야? 이제 침팬지들이 내려온 거야?"

먼저 올라간 일행으로부터 오랜만에 무전기 연락이 왔다. 서둘러 카메라와 망원 렌즈를 챙겨 올라갔다. 그곳에는 몇몇 침팬지들이 나무 위에 올라가 열매를 따먹고 있었다. 가이드 말로는 '게꾸로'라고 불리는 나이 많은 암컷과 그녀의 딸 '바피', 그리고 '아꼬'라 불리는 암컷과 그의 자식들이라고 했다. 침팬지의 평균 수명이 보통 50세인데 게꾸로는 나이가 45세로, 무리에서는 두 번째로 나이가 많은 침팬지였다. 인간의 나이로 45살이면 아직 팔팔할 때지만 침팬지 나이가 45살이라면 거의 새끼를 낳을 수 없는 나이다. 그런데 게꾸로는 어쩌다 늦둥이를 낳았는지 자기 딸 바피를 애지중지 잘도 데리고 다녔다.

침팬지 새끼들은 타잔처럼 나무줄기를 손에 쥐고 타면서 노는데, 그걸 보는 어미들의 표정은 노심초사다. 어미들은 새끼들이 나무에서 떨어져 다칠까봐 무척 신경이 쓰이는 것 같았다. 그 모습을 보니 침팬지들이 털을 뒤집어 쓴 인간처럼 느껴졌다.

그렇게 나무 그늘 밑에서 한창 놀더니 우르르 호수가로 내려갔다. 숲을 가로질러 벼랑을 내려가 탕가니카 호수가로 가 바위 밑으로 흘러들어 오는 물을 먹었다. 침팬지는 물을 싫어하기 때문에 물가로 잘 안 간다고 하는데, 역시나 파도가 무서운지 파도를 피해 얼른 바위 밑으로 내려가 물을 마시고는 파도가 밀려오기 전에 재빨리 바위 위로 올라오는 모습이 무척 재밌었다.

어미는 바위에 낀 소금기를 핥아먹는데, 옆에 있는 새끼들이 엄마가 무엇을 핥아 먹는지 유심히 살펴보며 자신들도 따라서 바위를 핥아보았다. 이런 장면은 그동안 침팬지에 관한 프로그램에서도 본 적이 없었다. 가이드도 쉽게 관찰할 수 없는 장면을 찍었다며 운이 좋았다고 말해 주었다. 이런 게 바로 자연 다큐멘터리 찍는 맛이 아닐까 싶었다.

며칠 후 숲속을 헤매다가 운 좋게 게꾸로와 딸 바피를 다시 만났다.

바피는 나뭇가지를 붙잡고 오르락내리락 장난을 치고, 이런 모습을 물끄러미 바라보고 있던 늙은 엄마는 마치 '원숭이도 나무에서 떨어질 때가 있다.'라는 속담을 알고 있는 것처럼 아이가 위험하게 놀고 있으면 손을 뻗어 두 손으로 껴안아 주었다. 그러자 아이는 낑낑거리고 빠져나가려고 하고 어미는 끝내 못 이기고 놓아주었다.

늙은 어미는 딸과 같이 숲 속에 있는 나무에 올라가 나뭇잎을 한 웅큼 따 입에 넣더니 우물우물 씹어 진액을 빼먹고 찌꺼기는 뱉어 버렸다. 한참 이 가지 저 가지를 돌아다니다가 엄마는 피곤한지 나뭇가지를 주섬주섬 모아 쉴 자리를 만들어 그 위에서 잠을 청했다. 딸 바피는 엄마가 자는 동안 이리저리 돌아다니며 나뭇잎을 잔뜩 씹고 뱉어 버렸다.

한 시간 정도 지났을까? 게꾸로가 부스스 일어나자 나뭇잎을 따먹던 바피가 엄마한테 달려갔다. 어미는 그런 딸을 살포시 껴안아 주었다. 마치 "엄마 쉬는 동안 잘 지냈니? 점심도 많이 먹고? 사랑스런 내 딸아!"라고 말하는 듯 한참을 그렇게 길고 따뜻한 포옹을 했다. 사람도 그렇게 오랫동안 포옹을 하지 않는데, 야생에서 살아가는 침팬지들이 이렇게 오랫동안 포옹을 하는 모습이 정말 놀라웠다. 그렇게 모녀간에 긴 포옹이 끝나자 엄마와 딸은 아주 오랫동안 서로의 곁에 꼭 붙어 떨어지지 않고 몸 구석구석 털 고르기를 해주며 서로의 체온을 나누었다.

우리 인간도 서로 만나면 인사를 나누며 반갑게 상대를 맞이하듯, 침팬지들도 숲에서 같은 무리의 일원을 만나면 서로 쿵쿵거리면서 인사를 나눈다. 그리고는 옆에 나란히 앉아서 사이좋게 서로의 털을 골

어린 침팬지 바피를 돌보고 있는 계꾸로

침팬지들의 털 고르기

라준다. 나란히 붙어서 서로의 몸을 샅샅이 뒤지면서 벌레나 이를 잡아주기도 하고 먼지나 흙을 털어주거나 수북이 난 털을 곱게 쓰다듬어 주기도 하면서 친근감을 표시하는 것이다.

　재밌는 것은 털 고르기가 시도 때도 없이 이뤄진다는 점이다. 한번은 수컷 침팬지들의 싸움을 목격한 적이 있었는데, 나무토막을 집어 던지면서 한참 동안 각자의 힘을 과시하는 것이었다. 그러다 한쪽이 안 되겠다 싶었는지 슬쩍 꼬리를 내리고 한발 물러섰다. 그런데 이렇게 싸우던 녀석들이 갑자기 서로 손을 들어 깍지를 끼고 악수를 하더니 그 자리에 바로 앉아서 상대방의 털을 골라주는 것이 아닌가? 우리가 언제 싸웠냐는 듯이 말이다. 사람 같으면 바로 그렇게 화해하지는 않았을 것이다. 아무 '뒤끝'도 없이 털 고르기를 해주며 상대의 마음을 풀어주고 화해하는 침팬지들의 마음 씀씀이가 꽤나 호탕해 보였다. 털 고르기야말로 무리의 평화를 유지하는 가장 좋은 방법이 아닐까 하는 생각이 들었다.

^
^ ^
^

게꾸로 할머니의
기막힌 비밀

    게꾸로 할머니는 이미 45살인데 어떻게 그 나이에 어린 아기를 낳고 키울 수 있었을까? 지켜보는 동안 계속 그게 궁금했었는데, 이곳 연구소 직원으로부터 게꾸로 할머니의 기막힌 사연을 듣게 되었다. 게꾸로의 딸인 줄로만 알았던 바피에게는 놀랍게도 진짜 엄마가 따로 있었다고 한다. 바피의 진짜 엄마는 10년 전 바피를 낳아 그동안 잘 키우고 있었는데, 작년에 마할레에 불어닥친 대재앙에 그만 희생당하고 말았다고 한다. 관광객들로부터 옮은 인플루엔자에 수많은 침팬지들이 어이없이 희생당했던 바로 그 사건 때 바피의 엄마도 억울한 죽음을 맞이했던 것이다. 그 이후 이곳을 찾는 '인간'들은 마스크를 철저히 쓰고 침팬지에게 너무 가깝게 접근하는 것도 금지하게 되었다.

다행히 갈 곳 없는 불쌍한 바피를 위해 스스로 어미 역할을 하겠다고 나선 이가 있었는데, 그게 바로 게꾸로 할머니였다. 게꾸로 할머니는 바피를 입양해 제 자식마냥 소중하게 돌보고 키우고 있었던 셈이다.

그런 게꾸로 할머니에게도 놀라운 사연이 있기는 마찬가지였다. 게꾸로 할머니는 태어날 때부터 자궁에 문제가 있어서 지금까지 한 번도 임신을 한 경험이 없었다고 한다. 대신 그동안 바피 같은 고아를 입양해 잘 길러서 독립시키는 일을 해왔다고 한다. 그러니까 자식이 없는 게꾸로 할머니가 안타깝게 어미를 잃은 바피를 입양해서 마치 자기가 낳은 아이인 양 지극정성 키우고 있었던 것이다.

게꾸로를 만날 때마다 그 자애로운 눈빛이 자꾸 나의 맘을 붙잡았다. 나이를 이미 먹을 대로 먹은 게꾸로 할머니는 앞으로 1년을 더 살지 5년을 더 살지 사실 모르는 일이다. 사연을 들으니 '어서 녀석이 커야 할 텐데……' 하는 걱정이 들었다.

• • •

줄곧 게꾸로 할머니와 그녀의 양손녀 바피를 따라다니며 촬영해서인지 이제 게꾸로 할머니와 바피는 우리 팀을 잘 알아보는 것 같았다. 나도 침팬지들을 만나게 되면 이들부터 찾게 되었다. 촬영을 거듭해

가면서 우리는 서로에게 익숙하게 되었고 차차 무언의 대화를 나누는 사이가 되었다. 오랜 시간 함께 있다 보니, 나도 모르게 게꾸로 할머니와 진짜 대화를 하는 것 같은 느낌에 종종 사로잡히곤 했다. 그러면 게꾸로 할머니가 내게 침팬지들의 삶의 방식에 대해 조목조목 설명해 주는 것 같은 착각에 빠졌다. 나는 '친절한 게꾸로 할머니가 말을 한다면 뭐라고 할까?' 하는 상상을 해보면서 무언의 대화를 재구성해 보았다.

최 PD 안녕하세요, 할머니?

게꾸로 아우~~ 우후 우후 우후 우후(침팬지식 인사) 어, 이게 누구야. 멀리 한국에서 온 MBC 촬영 팀의 최 PD잖아. 근디 이 먼 데까지 와서 무슨 생고생이랴 그래.

최 PD 고생은요 뭘, 덕분에 우리 이쁜 게꾸로 할머니를 만나게 됐잖아요.

게꾸로 아유 남사스럽게 이 나이에 이쁘긴 뭐가 이쁘다고…….

최 PD 제 눈에는 우리 할머니가 제일 이쁜데요. 인간들 여자는 아이나 노인네나 이쁘다고 하면 다들 좋아하는데……. 그런데 그거 아세요? 할머니하고 바피가 우리 프로그램 주인공인 거? 그러니까 화면에 이쁘게 나와야 하잖아요.

게꾸로 자네들이 맨날 시커먼 거 들고 우리만 따라다니니까 낌새는 챘긴 챘지. 근디 저 시커먼 게 뭐래유? 되게 무겁게 생겼는데.

최 PD 카메라잖아요.

게꾸로 응, 저게 카메라구먼. 근디 다른 사람들은 손에 들고 다니다 우리들을 보면 눈에다 대고 찰칵 찰칵 찍던데 이건 삼각 다리에다 올려놓고 찍네?

최 PD 할머니가 여태까지 보신 것은 그냥 기념사진 찍는 카메라고요. 이건 방송용 카메라예요. 요즘 새로 나온 HD카메라죠.

게꾸로 아~ 아 알겠다. 여기서 약 200km 떨어져 있는 곰베에 사는 우리 친척이 자랑하던데. 한 10년은 족히 됐을까? BB 뭐라든가 하는 데 하고 내쇼날 조라고 했던가? 이거 나이만 먹어서 기억도 가물가물하네 그려. 이런 거 들고 와서 자기네들 찍어갔다고 자랑하던데. 여기는 이런 거 들고 자네가 첨 오는 거라 난 잘 모르지.

최 PD 영국의 BBC 방송사 하고요, 미국의 내셔널 지오그래픽이라는 제작사예요. 자연 다큐멘터리 제작 하면 전 세계적으로 유명한 회사지요.

게꾸로 하여튼 얼마 안 있으면 저 세상으로 갈 나보다 우리 불쌍한 바피나 이쁘게 찍어줘요. 시집이나 잘 가게.

최 PD 얼마 안 있으면 저 세상으로 가다니요?

게꾸로 내 나이 지금 45세 아니유. 우리 침팬지들 평균 수명이 50세니께 길어야 5년 밖에 안 남은 거 아니유. 근디 우리 불쌍한 바피가 이쁘게 잘 클라나 몰라.

최 PD 당연하지요. 할머니가 이렇게 지극 정성으로 보살피는데.

잘 커서 할머니보다 훌륭한 엄마가 될 거예요.

게꾸로 그렇게 된다면야 지금 죽어도 여한이 없지. 아이쿠 우리 일
행이 저기 습지로 들어가네. 우리도 따라 들어가야겠네. 자네들 저
기는 아예 따라 들어올 생각 말게. 한번 빠지면 계속 빠지는 곳이
니까. 그럼 잘 가게. 낼 보세나.

침팬지들은 잘 때가 되면 높은 산으로 올라가거나 이렇게 습지 가
운데로 들어가는 바람에 이들이 자는 모습을 촬영하기가 만만치 않았
다. 다음에 게꾸로 할머니에게 부탁해 자는 모습 좀 촬영하게 해 달라
고 할까?

반란을 일으키고
왕의 자리를
넘보다

  야생에서는 멋진 화면을 찍을 수 있는 최신형 촬영 장비를 사용하고 싶어도 여건이 안 될 때가 많다. 아프리카까지 고가의 장비를 실어 올 수도 없는 노릇이다. 그렇다고 카메라만 들고 단조롭게 촬영하기에는 아쉬운 점이 많다. 카메라맨과 고심 끝에 새로운 창작품을 만들어 보기로 했다.

  우리는 숲으로 가서 나무와 나무 사이에 줄을 연결했다. 그리고 카메라를 줄에 건 뒤, 한 사람이 카메라를 잡고 줄을 따라 내려오면서 촬영해 보았다. 그런데 의외로 영상이 아주 역동적으로 잘 나왔다. 값비싼 최신 장비를 사용해 촬영한 것과 똑같이 역동적인 느낌이 잘 표현되었다. 이런 샷을 몇 군데에서 촬영하면 영상이 훨씬 더 스펙터클해 보일 것 같았다.

한창 새로운 장비를 시험하고 있는데, 갑자기 숲 속에서 침팬지 특유의 괴성이 여기저기서 쩌렁쩌렁 울렸다. 그동안 암컷들과 새끼들만 봐와서 그런지 숲 속이 무척 평온하고 조용하였는데 수컷들이 본격적으로 등장하니 확실히 시끌벅적해진 느낌이 들었다. 그런 수컷들의 역동적인 장면을 촬영하려고 소리가 나는 쪽으로 가려는데 옆에 있던 가이드가 극구 말리는 것이 아닌가? 수컷들이 싸움을 하는 중이라 위험하니 가지 말라는 것이었다. 그 순간 침팬지들에게 굉장히 중요한 일이 터진 것 같다는 강한 직감이 내 머릿속을 스쳤다.

'침팬지들의 싸움이라고? 혹시 반란이 일어난 건 아닐까?'

그도 그럴 것이, 침팬지 무리는 보통 2년이 넘으면 더 젊고 힘이 센 수컷이 나타나 시시때때로 우두머리 자리를 노리는데, 이 침팬지 무리에서는 '알로푸'라 불리는 녀석이 벌써 5년째 최고 권력자로 군림하고 있다는 얘기를 들었기 때문이다. 그 시간이면 사실 젊은 녀석들의 도전이 일어나도 몇 번은 일어났어야 되는 거 아닌가?

우리는 이 중요한 장면을 놓칠 수 없어 위험을 무릅쓰고 카메라를 들고 접근하기로 했다.

숲으로 들어가니 여기저기서 괴성을 지르며 싸우는 소리가 계속해서 났다. 곧이어 대장 '알로푸'가 허겁지겁 우리 코앞으로 뛰어 내려갔다가 다시 씩씩거리며 올라오는 게 보였다. 잠시 후 또 소리가 크게

나면서 침팬지들이 다시 싸움을 시작했다.

흔히 인간들은 동물이 싸울 때는 인정사정없이 아주 무섭게 싸울 거라고 생각한다. 심지어 싸우다가 목숨까지도 위태로울 수 있다고 믿는다. 하지만 지켜본 바로는 동물들의 세계는 정반대였다. 오히려 인간처럼 그렇게 폭력적으로 싸우지 않는다는 사실에 놀랄 때가 많았다. 거의 모든 동물들은 서로 싸울 때 힘을 과시하고 겁만 줄 뿐 실제로 주먹을 써서 상대를 때리거나 하는 진짜 폭력을 쓰지 않는다. 으르렁거리면서 소리를 크게 지르고 일어서거나 덩치를 크게 해서 위용을 보여주는 식이다. 이런 것을 '과시 행동'이라고 하는데, 말 그대로 자신의 힘이 얼마나 센지 상대방에게 보여주고 자랑해서 기를 꺾어 버리는 것이다. 대부분의 경우는 그냥 상대에게 겁만 주는 과시 행동으로 모든 싸움은 끝이 나버린다. 침팬지들도 마찬가지였다.

몇 마리의 수컷들이 괴성을 지르면서 나무를 들고 우두머리인 알로푸를 위협하자, 알로푸도 다른 수컷들과 연합해서 무거운 통나무를 두 손으로 집어 들고 멀리 던져 버린다. 상대를 때려눕히려고 던진 것이 아니라, 단지 '나의 힘은 이렇게 세니까 함부로 덤비지 마!'라고 말하는 것 같았다. 침팬지들의 싸움은 실제로 공격은 하지 않고, 이렇게 나무를 흔들거나 발을 구르면서 괴성을 지르고 무거운 돌이나 통나무를 들어 집어던지는 과시 행동이 전부였다.

팔짝팔짝 뛰고 나무를 집어던지는 싸움이 한동안 계속되다가 전세가 한쪽으로 기울기 시작했다. 마침내 수적으로 열세였던 알로푸의

싸움에 진 알로푸가 의기소침한 채로 길을 걸어 내려오고 있다.

기세가 조금씩 꺾이기 시작한 것이다. 알로푸의 세력은 싸움에서 진 것을 인정하는지 갑자기 꼬리를 내리고 구석으로 조용히 물러났다. 권력을 놓고 벌인 싸움이 드디어 끝난 것이다.

^
^ ^
^

수컷들의
힘겨루기,
그 내막은?

두 차례 격렬하게 싸운 끝에 권력에서 밀려난 알로푸가 숲에서 혼자 터덜터덜 내려오더니 길 위에 철퍼덕 앉았다. 배가 고픈지 신경질적으로 나뭇잎과 땅바닥에 있는 흰개미 집의 마른 진흙을 뜯어먹다가 길을 따라 천천히 내려갔다. 침팬지들은 설사를 하거나 속이 더부룩할 때 흰개미 집을 먹는다고 하던데, 싸움에서 진 알로푸의 속은 오죽하겠는가? 조금 전까지만 해도 무리의 리더로서 맘껏 권력을 휘두르다가 이제 평민으로 돌아간 심정이 쓸쓸한지, 주변 숲을 휘휘 둘러보며 내려가는 모습이 그렇게 처량해 보일 수가 없었다.

그런데 도대체 누가 알로푸에게 도전장을 내민 것일까? 불과 얼마 전까지만 해도 권력 서열 상위 5위 안에 드는 수컷들이 모두 모여 있는 것을 본 적이 있었다. 최고 권력자인 알로푸를 필두로 5마리가 다정하게 일렬로 앉아 털 고르기를 하는 모습이었다. 사이좋게 털 고르기를 하는 와중에도 누군가는 권력을 빼앗기 위해 속으로 물밑 작전을 펼쳤단 말인가?

지난 5년 동안 알로푸는 무리를 잘 이끌고 왔지만 최근 얼마 전부터 권력 서열 3위인 핌과 4위인 프리무스가 여러 차례에 걸쳐 리더인 알로푸에 도전해 왔다고 한다. 그러나 그때마다 번번이 권력 서열 2위인 '보노보'에게 반격을 당해 뜻을 이루지 못했다고 한다. 서열 2위는 보통 대장을 따라다니며 호위하는 경호실장 같은 역할을 하는데 보노보의 힘이 꽤 셌던 것이다.

그런데 얼마 전부터 서열 2위인 보노보가 어디로 갔는지 통 보이지 않았다. 호시탐탐 기회를 엿보던 녀석들이 기회를 놓칠 리가 없었다. 결국 다른 무리들을 끌어들여 드디어 알로푸와 싸움를 벌였던 것이다.

알로푸도 이러한 낌새를 눈치챘지만 새로운 젊은 세력을 막아내기엔 역부족이었다. 자신을 보위하던 보노보도 없고 자신을 지지하는 동료들도 수적으로 부족한 마당에 이기기는 어려웠다. 결국 알로푸는 핌과 프리무스에게 권력을 빼앗기고 말았던 것이다.

그런데 모든 수컷들이 최고 권력자가 되려고 호시탐탐 그 자리를 노리는 이유는 무엇일까? 이것 또한 조물주의 절묘한 작품이라는 생각이 드는데, 그 가장 큰 이유는 바로 리더만 자기 새끼를 임신시킬

권력 서열 4위까지의 수컷들이 줄지어 앉아 서로의 털을 골라주고 있다.

수 있기 때문이라고 한다.

우리가 어렸을 때 흔히 불렀던 "원숭이 엉덩이는 빨개, 빨간 것은 사과~!" 하는 노래처럼 원숭이 암컷은 임신할 때가 되어 발정이 나면 엉덩이가 빨개진다. 침팬지도 마찬가지다. 이때 짝짓기를 하게 되면 임신이 되는데, 침팬지의 경우 오직 그 무리의 리더만이 발정 난 암컷과 짝짓기를 할 수 있다. 결국 리더가 집권하고 있을 때 임신한 새끼는 다 그 리더의 자식이라는 결론이다. 암컷 입장에서는 그 무리에서 가장 강한 힘을 지닌 리더와 짝짓기를 해야 새끼에게 강한 유전자를 물려줄 수 있고 그만큼 생존 확률을 높일 수 있다는 장점이 있다.

가끔씩 리더가 안 보일 때 슬쩍 발정 난 암컷을 꼬여 몰래 짝짓기를 하는 수컷들도 있긴 있는데, 그러다가 리더한테 걸리면 반죽임을 당하거나 심한 경우 무리에서 추방당하기도 한다. 침팬지를 연구하는 어떤 학자가 낸 보고서에는 침팬지들이 집단으로 한 마리의 침팬지에게 폭력을 가하는 사례가 있다는 내용이 있었는데, 아마 이런 이유 때문일 거라는 생각이 들었다.

새끼를 키우는 일은 오로지 암컷들의 몫이고, 리더는 새끼들을 키우는 데 전혀 신경을 안 쓴다. 대신 자기 영역과 무리들을 지켜야 하고 호시탐탐 자신의 권력을 노리는 다른 수컷들을 견제해야 한다.

• • •

언젠가부터 발정 난 암컷들이 꽤 많아졌다. 발정은 대개 13세에서

14세 때 처음 한다고 하는데 몇 살까지 하는지는 잘 알려져 있시 않다. 이곳의 가장 늙은 침팬지가 47세인데 그 침팬지도 발정을 한다고 했다. 그렇다면 게꾸로 할머니도 충분히 발정을 할 가능성이 있다는 얘긴데, 지금까지 쭉 관찰해 봐도 발정을 하는 징후는 전혀 없었던 것 같았다. 그리고 한 가지 흥미로운 것은 무리 중에서 여태껏 못 보던 새로운 얼굴이 보였다는 점이다. 나는 궁금한 점을 게꾸로 할머니에게 물어보았다.

최 PD 저기 발정 난 저 아줌마는 그 동안 못 보던 얼굴인데요?

게꾸로 남정네들은 여기서 태어나면 다른 데 가지 않고 여기서 일생을 마치지만 여인네들은 다르다네. 발정 날 때 다른 커뮤니티로 합류하기도 하지. 그래서 열성유전을 할 우려가 있는 근친교배를 막을 수 있지. 이번에 저 산 너머 다른 마을에서 두 여인네가 우리 마을로 새로 전입왔다네. 우리 마을에서도 연초에 두 마리가 다른 곳으로 가기도 했고.

최 PD 그런데 암컷이 발정 나면 주로 대장하고 짝짓기를 하는 줄 알았는데 다른 수컷들한테도 막 들이대던데요. 물론 대장이 없을 때이지만요.

게꾸로 그건 우리들뿐만 아니라 모든 야생 동물들도 다 마찬가지 아녀. 다양하고 강한 유전인자를 받아들이라는 저 하늘의 준엄한 명령을 따르는 것뿐인데 들이대긴 뭘 들이댄다고 그러시나.

그래도 우리들은 임신이 가능한 배란기 때는 대장하고만 짝짓기를 한다네. 어쨌든 대장이 맘에 들든 안 들든 대장이 강한 인자를 지니고 있다고 생각하는 거지.

최 PD 그걸 어떻게 아나요?

게꾸로 다 하늘이 내려주신 본능으로 아는 거지. 그래서 모든 생명체는 신비스럽고 아름다운 거 아니겠나?

내가 '할머니는 발정을 하지 않나요?' 하고 물어보려던 찰나, 게꾸로 할머니는 서둘러 바피를 등에 업고 숲으로 사라져 버렸다.

^^^

핌이 던진
나무 기둥에
맞을 뻔하다

숲에서는 새끼를 데리고 있는 암컷들이 곳곳에 둘러앉아 털 고르기를 하고 있었다. 한때 서열 2위였던 보노보도 나무에 올라 열매를 따 먹고 있었다. 그 장면이 무척이나 평화스러워 보였다.

그런데 갑자기 새 리더인 핌이 괴성을 지르며 나타나 난동을 부리기 시작했다. 그런 핌의 난동을 카메라로 찍고 있는데, 갑자기 핌이 부러진 나무 기둥을 들고 소리치며 이쪽으로 곧장 달려오는 게 보였다. 처음에는 겁도 났지만 '설마 사람한테는 안 던지겠지?' 하는 생각이 들어 일부러 피하지는 않았다. 그런데 녀석은 바로 내 앞으로 오더니 급기야 그 무거운 나무 기둥을 나에게 힘껏 던져 버렸다. 순간적으로 나도 모르게 두 발을 들어 날아오는 나무 기둥을 잽싸게 막았으니 망정이지 안 그랬으면 얼굴을 크게 다칠 뻔한 상황이었다. 핌은 아무 일도 없었던 듯 뒤도 안 돌아보고 저쪽으로 훅 가버렸다. 앞으로 이렇게 나무 기둥을 들고 달려올 때는 정말 조심해야겠다는 생각이 들었다.

잠시 후 핌이 들어간 숲 쪽에서 괴성이 들리고 새끼들의 울부짖는 소리가 들려왔다. 잽싸게 숲으로 뛰어들어 가보니 핌이 나무줄기를 들고 소리를 질러대며 알로푸를 쫓는 중이었다. 혼비백산하며 핌에게 쫓기던 알로푸가 급한 나머지 나무줄기를 잡고 위로 올라갔다. 그러나 너무 얇은 줄기를 잡았는지 줄기가 우지끈 부러지는 바람에 그만 알로푸가 강바닥으로 떨어지고 말았다. 급작스럽게 일어난 소동에 알로푸는 넋이 나간 것처럼 강바닥에 우두커니 앉아 있었다. 한때는 잘나갔던 리더였는데, 온몸이 물에 젖은 채 꼼짝도 못하고 있는 알로푸를 보니 권력이 확실히 넘어가긴 갔나 보다.

그 광경을 바로 옆에서 지켜본 보노보를 비롯한 다른 녀석들은 모두 나무 위로 올라가 얌전히 앉아 있는 자세를 취했다. 핌은 많은 이들의 시선을 느끼면서 강바닥에 널려 있는 돌을 집어 휙 하고 멀리 던지더니 곧장 산 위로 올라가 버렸다. 한바탕 소동을 벌인 핌이 다른 곳으로 가버리니 모두들 나무에서 내려와 그 뒤를 따라갔다. 알로푸도 벌떡 일어나 뒤를 쫓았다. 얼마 전까지만 해도 무리를 이끌던 알로푸나 경호실장 격이었던 보노보의 신세가 말이 아닌 것 같았다.

연구원들은 핌이 그렇게 과시 행동을 하는 가장 큰 이유가 리더가

핌이 커다란 나뭇가지를 휘두르며 과시 행동을 하고 있다.

된 지 얼마 되지 않았기 때문이라고 말해 주었다. 핌은 대장감으로는 체격이 왜소하기 때문에 리더로서의 권위를 만들고자 다른 녀석들보다 더 몸을 크게 부풀리고 나무 기둥도 유난히 많이 휘두르는 것이라고 했다. 결국 작은 체격을 가진 핌의 콤플렉스가 지나친 과시 행동으로 나왔던 것이다.

물론 핌이 과시 행동을 하지 않을 때는 숲에 평화가 찾아오기도 했다. 한번은 정말 재미있는 장면을 목격했는데, 새 리더인 핌과 핌이 몰아낸 전 리더 알로푸, 알로푸가 몰아낸 그 전의 리더 파나나, 이렇게 셋이 모여 앉아 다정하게 털 고르기를 하고 있는 것이었다. 그 와중에도 이렇게 서로 간의 우애를 지키는 걸 보니, 침팬지들의 세계는 참 알다가도 모르겠다는 생각이 들었다.

• • •

지난 촬영 때 카시하 강 계곡 상류에 있는 폭포 주변에 단풍이 예쁘게 들어 이곳을 촬영한 적이 있었는데, 이번에 어떻게 변했나 하고 그 폭포로 가보니 단풍은 온데간데없고 낙엽이 다 떨어진 앙상한 가지만 남아 있었다. 계절 변화를 보여주기에 아주 적절한 풍경 변화라 지난번과 똑같은 샷으로 촬영하고 있는데, 게꾸로 할머니가 침팬지 몇 마리와 같이 근처 산을 내려오고 있는 것이 보였다.

최 PD 앗! 우리가 여기 있는 줄은 어떻게 알고 이리로 오나요?

게꾸로 자네들을 보러 온 게 아니고 이 강 주변에 우리가 먹을 게 있어서 핌 몰래 동네 아주머니하고 애기들 데리고 오는 길이네.

최 PD 먹을 거라뇨. 이 근처에는 침팬지들이 먹을 만한 과일나무가 없던데요?

게꾸로 저기 동네 아주머니들이 먹는 것을 잘 보라고.

최 PD 글쎄요, 바위틈에 엎드려서 무언가 핥아 먹는 것 같은데 혹시 물 마시러 온 거 아니에요?

게꾸로 물론 물도 마시긴 하지만 바위 밑에 살고 있는 벌레들하고 개미들을 핥아 먹고 있는 중이라네. 그리고 돌에 낀 이끼며 염분을 핥아먹고 있는 거지.

최 PD 그렇군요. 자세히 보니 벌레들하고 개미들이 돌아다니네요. 아주 맛있게 핥아 먹고 있는데요. 그런데 바피는 웬 나뭇잎을 따 먹는데요?

게꾸로 이것들도 꿀에 동물성 단백질이라고 이거 먹을 때도 나뭇잎하고 같이 먹는다네.

그런데 저기 핌이 소리 지르며 달려오는 걸 보니 오늘도 또 한바탕 난리를 피울 것 같으니 자네들도 조심하게나.

최 PD 그렇잖아도 며칠 전에 핌이 내던진 나무 기둥에 맞아 얼굴을 크게 다칠 뻔 했는걸요.

게꾸로 그건 무슨 소리야?

최 PD 알로푸 때 서열 2위였던 보노보가 나무 위에서 열매를 따 먹는 장면을 촬영하느라 나무 건너편에 앉아 있었는데 느닷없이 핌이 부러진 나무 기둥을 들고 소리치며 나타나 제게 곧장 달려오는 것 아니겠어요? 처음에는 겁도 났지만 설마 사람한테는 안 던지겠지 생각했는데 웬걸 바로 제 앞으로 오더니 그 무거운 나무 기둥을 힘껏 던지고 가버리는데 그 순간 두 발로 막았기에 망정이지 안 그랬으면 얼굴이 작살났을 거예요.

그런데 핌은 매일매일 하루에도 몇 번씩 저 난리를 피우던데요?

개꾸로 핌 저 녀석이 알로푸에게 도전해서 정권을 빼앗은 지가 얼마 안 되어 완전한 대장이라 하기에는 맘이 안 놓이는 거지. 그러니까 매일매일 저 난리를 쳐 자기가 대장이라는 것을 과시하기 위한 심보지. 어렸을 적부터 저 녀석이 남과 싸우기를 좋아하기도 했었고.

특히 전 대장이었던 알로푸와 서열 2위였던 보노보를 주로 견제한다네. 자칫 방심하면 알로푸가 다른 수컷들과 모의해서 지금 상황을 뒤집을 수도 있으니까.

최 PD 그래요? 그런 일도 있을 수 있는 거예요?

개꾸로 암, 충분히 있을 수 있는 일이지. 침팬지 사회에서는 가끔 그런 일이 일어나기도 한다네.

그런 대화를 나누는데, 갑자기 핌이 소리를 지르며 달려왔다. 그런데 이곳은 강물이 흐르는 계곡이라 부러진 나무 기둥이 없었는지, 강바닥에 널려 있는 돌을 휙 하고 집어 던지고는 산 위로 올라가 버렸다.

^
^
^

원숭이를
사냥하는
침팬지들

  수컷들이 나무를 들고 이리 뛰고 저리 뛰며 과시 행동을 하는 폼을 보니 꼭 무슨 일이 일어날 것만 같았다. 지난 번 정권 교체하던 때처럼 침팬지들이 소리를 지르고 난리였다. 수컷들이 내지르는 괴성과 새끼들이 무서워서 내지르는 비명 소리에 그야말로 숲 속은 아수라장이 따로 없었다. 그런데 저쪽 나무 위를 보니 레드콜로부스 원숭이가 소리를 지르며 이 가지에서 저 가지로 뛰어다니는 게 보였다.

  "오늘 원숭이 사냥하려나 보네요!"

  "정말 그런가 봐요. 카메라 감독님, 꼭 찍어야 해요. 꼭!"

  이곳 침팬지들은 기본적인 단백질도 섭취하고 서로 간에 우애도 다질 겸해서 한 달에 한 번 정도 레드콜로부스 원숭이를 사냥해서 먹는다는 얘기를 연구원으로부터 들은 적이 있었다. 바로 기다리던 그날이 찾아온 것이다.

레드콜로부스 원숭이들은 주로 나무 위에서 생활하기 때문에 침팬지들은 원숭이를 발견하면 나무 주변을 빙 둘러싼 뒤 여럿이서 동시다발로 나무 위로 올라간다. 그러면 원숭이는 당황해서 우왕좌왕 도망을 치는데, 이때 행동이 잽싼 매복조가 원숭이를 잡는 것이다.

실제로 도망치던 원숭이 앞으로 갑자기 침팬지 한 놈이 확 나타나더니, 순식간에 원숭이를 탁 하니 낚아채 버렸다. 그리고는 바로 원숭이를 들고 숲 바깥으로 뛰쳐나갔다. 그 뒤로 다른 수컷들이 괴성을 지르며 쫓아 나오는데 자칫 녀석들과 부딪치면 뼈도 못 추릴 것 같은 기세였다. 나와 카메라 감독은 저번 핌의 난동도 있고 해서, 조금 떨어져서 그 광경을 지켜보고 있었다.

숲 밖으로 나온 녀석들은 원숭이를 바닥에 던져놓고 신경전을 벌이더니 누가 먼저랄 것도 없이 주변에 널려 있는 나무 기둥을 들고 괴성을 지르며 과시 행동을 했다. 그러다가 서로 맞붙어 때릴 듯한 포즈도 취하다가 곧이어 서로 떨어져 괴성을 지르기도 했다. 그 위세가 정말 대단했다.

잠시 후, 모두들 바닥에 죽 앉더니 대장인 핌이 걸어 나와 레드콜로부스 원숭이를 통째로 씹어 먹어 버렸다. 그리고 나자 다른 녀석들도 남은 살과 뼈를 나눠 먹었다. 침팬지들의 야성적인 모습을 확인하기

레드콜로부스 원숭이를 사냥한 침팬지

에 충분한 순간이었다.

. . .

게꾸로 할머니가 바피를 등에 업고 나타났다가 평소와 다르게 황급히 숲 속으로 도망쳤다. 따라가서 할머니에게 이유를 물어보았다.

최 PD 할머니. 그 동안 안 그러더니 왜 갑자기 우리를 피하는 거예요?

게꾸로 아, 아니야. 자네들을 피하는 게 아니고 오늘 일어날 일 때문에 잠시 피해있는 거라네.

최 PD 무슨 일이 있는데요?

게꾸로 저기 나무 꼭대기 좀 보게나.

최 PD 꼭대기에 뭐가 있는데요. 숲이 너무 울창해서 아무 것도 안 보이는데요.

게꾸로 아이고, 답답하긴. 저기 우리들이 가끔 고기가 생각나면 사냥해서 잡아먹는 거 있잖우.

최 PD 아, 레드콜로부스 원숭이 말예요?

게꾸로 그래 맞아. 오늘 마침 원숭이 한 마리를 발견해 모두들 협동해서 사냥하려고 한다네. 그래서 난 위험해서 잠시 피해 있으려는 거라네. 자칫 사냥할 때 수컷 원숭이가 반대로 침팬지 새끼들을 죽일 때도 있거든. 멀리 서부 아프리카에서는 수컷 원숭이를 사냥하기도 하지만 이곳에서는 암컷과 새끼만 사냥한다네.

최 PD 아, 그렇군요. 사냥은 어떻게 하나요?

게꾸로 레드콜로부스 원숭이들이 주로 나무 위에서 생활하니까 이 녀석을 발견하면 우리 동료들이 나무를 빙 둘러싸며 위로 올라가 쫓으면 원숭이가 당황해서 우왕좌왕 도망 다니다가 행동이 잽싼 매복조에게 잡히는 거지.

원래는 대장이 주로 잡는데 우리 대장은 행동이 느려서 카드무스라는 친구가 주로 잡는다네. 경험도 많고 행동이 무척 빠르거든.

^
^
^

침팬지들을 위한
맛있는 식사

힘 있는 녀석들은 원숭이 같은 다른 야생 동물을 사냥해서 단백질을 보충하지만, 게꾸로처럼 다 늙고 힘없는 녀석들은 땅을 헤집어서 단백질을 핥아 먹는다. 바로 개미와 벌레다.

게꾸로와 바피가 계곡으로 내려와 바위 밑에 흐르는 물을 마셨다. 그리고는 바위 틈새와 나뭇가지에 있는 개미와 벌레를 잡아먹기 시작했다. 바피는 개미를 잡아먹다가 가까이 있는 나뭇잎을 뜯어 먹기도 했다. 이 장면을 좀 더 자세히 촬영하고 싶어서 조연출이 얼른 숙소로 가서 망원 렌즈를 가져왔다. 그 사이에 게꾸로와 바피가 다른 데로 안 가고 그대로 있어 주어야 할 텐데 마음이 급해졌다.

잠시 후 조연출이 헐떡거리며 올라왔다. 침팬지들은 다행히도 아직 그 자리에서 개미를 먹고 있었다. 망원 렌즈로 촬영을 하니, 바로 앞에서 보는 것처럼 아주 생생하게 보였다. 나무에 뚫린 개미구멍으로 개미들이 들락날락 하는 게 다 보이고, 게꾸로와 바피가 줄기에 붙어 나온 개미를 입으로 쭉 훑어 먹는 게 리얼하게 촬영되었다.

촬영된 영상을 보니, 침팬지들이 머리를 써서 인간처럼 도구를 사용해서 개미를 잡고 있는 장면이 꽤 재밌었다. 게꾸로가 근처에서 얇은 나뭇가지를 줍더니 개미구멍에 갖다 댄다. 잠시 후 개미들이 나뭇가지를 길로 착각해서 올라탄다. 개미가 어느 정도 모였다 싶었는지 게꾸로가 나뭇가지를 통째로 잎에 넣어 쪽 빨아 먹는다. 반면 바피는 아직 기술이 안 되는지 개미가 다니는 길에 팔을 대고, 팔에 올라붙은 개미를 하나씩 떼어 먹는다.

우리에게 이렇게 촬영할 시간을 주고 또 멋진 포즈를 제대로 취해주는 걸 보니, 우리 프로그램의 주인공인 게꾸로 할머니와 바피는 정말 타고난 연기자인 것 같다는 생각이 들었다. 처음에는 카메라를 슬슬 피하더니 이제는 아주 카메라 앞에서 연기를 하는 것처럼 자연스러웠다. 우리 촬영을 많이 도와준 것 같아 생각 같아서는 바나나와 파인애플을 잔뜩 사다주고 싶었다. 하지만 국립 공원에서 야생 동물에게 먹이를 주는 것이 엄격하게 금지되어 있으니 그저 마음속으로만 감사의 인사를 전할 뿐이다.

최 PD 할머니 지금 무얼 하고 있는 거예요?

게꾸로 지난번 나는 고기 맛도 못 봤고 불쌍한 서민이 고기 대신 먹을 게 무엇이 있겠나. 개미나 핥아 먹어야지 뭐.

최 PD 아, 예! 그런데 할머니, 개미 사냥 끝내주게 하는데요?

게꾸로 이게 다 돌아가신 우리 어머니가 가르쳐 준 덕일세. 그러니까 야생 동물들은 제 어미로부터 어떤 것을 먹으면 되고 어떤 것은 안 되는지, 피해야 할 천적은 누군지, 이 세상을 살아가는 요령은 무엇인지 등 여러 가지를 배워야 하는데 제 어미가 없으면 이런 걸 누구한테 배우겠어? 그러니까 야생에서 어미 없는 새끼는 제 명대로 못 살 수밖에 없는 거지. 나도 어렸을 때 우리 어머니가 이렇게 나뭇가지를 잘라서 개미구멍에 넣었다가 잠시 기다리면 개미들이 붙어 나오는 걸 핥아 먹는 것을 옆에서 보면서 배운 거지.

에구구 저 바피 좀 봐. 개미 사냥이 잘 안되니까 아예 개미들이 다니는 나무 기둥에 팔을 대놓고 팔에 올라붙은 개미를 떼어 먹는 것 좀 보게나. 언제나 제대로 사냥해 먹을까 모르겠네. 쯧쯧쯧.

최 PD 시간이 지나면 차차 잘 해나가겠죠.

게꾸로 어린 나이에 제 어미 잃은 걸 손주 삼아 여태 보살펴 왔는데 혼자 놔두고 눈이나 제대로 감을지 모르겠네.

게꾸로와 바피

그런데 저기 저 젊은이 땀을 뻘뻘 흘리면서 무언가 무거운 걸 들고 오는데 저건 무언가?

최 PD 아! 저거요, 망원 렌즈라는 건데요. 이렇게 할머니랑 바피가 개미 사냥하는 것을 더 크게 잘 촬영하려고 조연출이 숙소까지 뛰어가서 가지고 온 겁니다. 전 할머니가 이 망원 렌즈를 가져오기 전에 다른 곳으로 가버리는 줄 알고 얼마나 가슴 졸였는데요. 이 렌즈를 가져올 때까지 이렇게 오랫동안 개미 사냥 하는 걸 보여줘서 정말 고맙습니다.

개꾸로 나야 뭐, 내 양이 찰 때까지 개미를 잡아먹은 것뿐이지. 고맙단 인사는 저 젊은이에게 해야 할 걸세. 이 더운 날 숙소까지 뛰어갔다 왔으니 좀 힘들었겠나.

최 PD 네, 할머니.

일주일 후에도 개꾸로 할머니와 바피는 숲 속이 아닌 산 능선에 서 있는 고목나무에 나란히 매달려 개미 사냥을 하였는데 뒷배경으로 마할레 산과 숲이 널찍이 보여 준비해 간 망원 렌즈와 와이드 렌즈로 클로즈 업 샷을 비롯해 다양한 영상을 촬영하였다.

^ ^ ^

침팬지의
보릿고개가
시작되다

새벽에 천지개벽하는 천둥소리에 잠을 깼다.

시계를 보니 2시 30분. 몇 번 더 번개가 치고 천둥소리가 번갈아 들리더니 후두둑 빗방울 떨어지는 소리가 들렸다. 그러다가 쏴아 본격적인 소나기가 내리기 시작했다. 10월에 들어서면 일주일에 한 번 정도 비가 온다더니, 10월 1일이 되자 정확하게 비가 오기 시작한 것이었다. 우리의 촬영도 이제 슬슬 마무리할 때가 되어 가고 있었다.

다음날 숙소 옆 야자나무 숲에 미리 설치해둔 위장막 속에서 숲에 비가 내리는 장면을 촬영했다. 비오는 장면은 언제든지 다양하게 촬영할 수 있으나 비 맞는 침팬지들을 촬영하기는 거의 불가능한 일이었다. 이렇게 소나기가 내릴 때 침팬지들은 과연 어떻게 하고 있을까? 제인 구달 박사가 쓴 〈인간의 그늘에서〉란 책을 보면, 침팬지들이 비를 그냥 맞고 있으면 추워지기 때문에 나무 위에서 열심히 뛰어다니며 열을 낸다고 한다. 그런데 이 모습이 마치 비가 내리는 것이 반가워서 춤을 추는 것처럼 보인다고 한다. 사람들은 침팬지들의 이 춤을 '비춤'이라고 부르게 되었다고 한다. 과연 비춤을 추는지 한번 관찰해 보고 싶은데 억수같이 내리는 저 빗속에서 카메라가 제대로 돌아갈까 의심스러웠다.

아프리카에 이렇게 우기가 찾아오면, 침팬지들이 좋아하는 과일들은 모두 땅으로 떨어져 버린다. 결국 침팬지들이 배를 곯게 되는 보릿고개가 시작되는 것이다. 그동안에는 먹을 과일이 풍부해 침팬지들의 배를 보면 마치 임신한 것처럼 배가 볼록했었는데, 이제는 배가 홀쭉해져 있었다. 침팬지들은 나무줄기를 꺾어 그나마 부드러운 속을 꺼내 먹는가 하면 마른 나뭇가지를 주워서 핥아 먹기도 했다. 바야흐로 시련의 계절이 오고 있었다.

• • •

보릿고개가 시작되면, 침팬지들도 먹을 것이 없기 때문에 굳이 산 아래로 내려오지 않는다. 그런데 어쩐 일인지 우리가 촬영을 접기로 한 바로 전날 통 보이지 않던 침팬지들이 숙소 근처에 있는 카시하 강 계곡 근처에 나타난 것이다. 그것도 게꾸로 할머니가 바피를 데리고 나타난 것이다. 마지막 촬영이라는 걸 아는지 우리를 자꾸 쳐다보는 것 같기도 했다. 뱃살이 쭉 빠진 게 마음이 아팠다.

최 PD 어! 웬일이세요. 요즈음 통 볼 수 없어서 어떻게 지내시나 궁금했는데…….

게꾸로 이 사람아, 궁금하기는 나도 마찬가지라네. 그런데 이 근처에 먹을 게 있어야 내려오지. 지금 이 시기에 우리가 먹는 과일이 일롬보라는 건데, 죄다 너무 익어서 바닥으로 떨어져 썩어가고 있으니 참…….

최 PD 그런데 오늘은 어쩐 일로 이곳에 나타났어요?

게꾸로 내일이 자네들 마지막 촬영 날이라며? 그래서 작별 인사라도 할 겸 이렇게 내려온 거지. 아카디아 엄마한테 같이 가지고 부추겼지.

최 PD 그렇잖아도 다른 아줌마들을 그동안 통 보질 못해서 오늘은 혹 볼 수 있을까 잔뜩 기대를 걸고 왔는데 딱 마주쳤네요. 그리고 할머니가 은근히 다가와서 다른 아줌마랑 털 고르기까지 해주고, 고마워요.

게꾸로 고맙긴 뭘. 이제 자네들 촬영 마치고 돌아가면 무슨 재미로 지낼까 걱정이야. 하여튼 최 PD 덕분에 그동안 재미있었네. 그리고 거기 촬영하는 양반 그 무거운 카메라 들고 우리 쫓아다니느라 고생 많이 했네.

최 PD 할머니 만수무강 하세요. 마음 같아선 바나나, 파인애플 같이 좋아하는 과일을 잔뜩 사다 드리고 싶었는데…….

게꾸로 아이고 이곳에서는 인간들이 우리들한테 먹을 거 주면 절대로 안 된다네. 마음으로라도 기쁘게 받은 거로 생각함세.

모두들 안녕히 잘들 돌아가게나.

작별 인사를 마친 게꾸로 할머니와 바피는 서둘러 습지대로 돌아갔다.

다음날 마할레에서의 마지막 촬영을 진행했다. 숲의 다사다난했던 공간들을 마지막으로 카메라에 담고 있는데, 툭툭 투두둑 빗방울 떨어지는 소리가 숲 사이로 울리더니 갑자기 쏴아 하며 굵은 소나기가 내렸다. 다행히 금세 비는 그쳐 마지막으로 호수를 구경하러 나갔다.

마침 마할레 산의 꼭대기에는 태양 빛에 반사된 구름이 붉게 타오르고 있는 게 보였다. 그리고 멀리 건너편 하늘을 보는 순간 나는 내 두 눈을 의심할 수밖에 없었다. 그곳에는 여태까지 한 번도 볼 수 없었던 쌍무지개가 찬란하게 비추고 있었던 것이다.

'이건 마할레의 침팬지들이 떠나는 우리들에게 마지막으로 주는 작별 선물이 아닐까?'

아름다운 무지개를 보며 나는 이렇게 아름다운 풍경이 영원히 지속되기를, 그리고 더 이상 침팬지들의 영토가 훼손되지 않기를, 마지막

탕가니카 호수의 일몰

으로 지구상의 모든 생명체들이 자신들의 온전한 삶을 보장 받고 살아가기를 마음속으로 빌고 또 빌었다.

굿바이 게꾸로 할머니, 굿바이 바피!

6장

수사자는
진정 동물의
왕인가?

^
^ ^
^

비가 오지 않는
세렝게티

"아! 그 유명한 세렝게티를 만든 PD군요."

정말 혼신의 노력을 기울여 제작한 〈야생의 초원, 세렝게티〉는 공전의 히트를 기록했고, 이후 많은 사람들이 나를 '세렝게티 PD'라고 불렀다. 몸은 비록 한국에 있지만 마음은 항상 그 끝없는 야생의 초원을 때론 사자와 치타 같이, 때로는 가젤과 누처럼 달려가곤 했다. 다큐멘터리가 방송된 지 7년, 그렇게 시간은 갔다. 그리고 나는 다시 세렝게티로 가는 비행기를 탔다. 이번에는 초원의 왕, 사자를 만나러 가는 길이었다.

7년 만에 다시 방문하는 '야생의 초원'은 어떻게 변해 있을까? 세상은 많이 변했는데, 그곳도 그럴까? 아프리카에 길들여진 나의 가슴은 어느새 쿵쾅쿵쾅 뛰고 있었다.

세렝게티로 다시 가는 데에는 우여곡절이 많았다. 미국에서 시작된 경제 위기가 전 세계를 강타했던 것이다. 한국의 경제는 직격탄을 맞아 휘청거리고 방송사도 허리띠를 졸라매야 했다. 예산도 제대로 배정되지 않고, 조연출도 없이 카메라맨만 동행한 채 단 둘이서만 출발해야 했다. 사람들은 내게 무슨 생고생을 하려고 그 오지를 가느냐고 말렸다. 하지만 탄자니아 정부의 허가까지 다 받아놓은 상태에서 안 간다는 건 그 나라와의 신뢰를 어기는 일이 아닌가? 결국 최대한 경비를 아끼면서 좋은 다큐멘터리를 찍겠다는 '어려운' 목표를 가지고 우리는 비행기에 올랐다.

그런데 공항에서 장비를 운송하는 데 드는 돈만 해도 3백만 원이 훌쩍 넘어 버렸다. 그렇게 돈을 쓰다가는 촬영이나 제대로 다 마칠지 걱정이 들었다. 비행기 안을 둘러보니, 경제난은 유럽도 예외가 아닌 것 같았다. 평소에는 아프리카로 여행 가는 관광객으로 꽉 차던 좌석이 많이 비어 있었다.

짐을 들고 비행기 밖으로 나가니 역시 아프리카 특유의 후끈한 공기가 코를 스쳤다. 바깥 온도 28도. 그동안 추운 겨울 날씨에 꼭꼭 껴입었던 옷을 벗어 가방에 접어 넣고 반팔 티셔츠 바람으로 공항 밖을 나섰다.

차창 밖으로 '마사이족 민속촌'이 그림 같이 내려다보였는데, 무척

심한 먼지 때문에 마스크를 쓸 수밖에 없다.

평화스러웠다. 그런 풍경은 지난 2002년 때나 마찬가지였다. 달라진 것도 많았다. 원래 비가 와야 하는 시기임에도 불구하고, 이곳에 불어닥친 가뭄 때문에 세상은 온통 먼지로 뿌옇게 뒤덮였다. 숙소에 도착한 촬영 팀의 얼굴은 온통 먼지투성이였다.

이곳 사람들의 말을 들어보니, 기상 이변으로 인해 몇 년째 비가 많이 오지 않아 지난번 '누 떼의 대이동'을 찍은 배경이었던 거대한 마라 강이 마치 개울처럼 변해 버렸다고 한다. 수천 년을 이어온 누 떼의 대이동마저 위태롭게 하는 지구의 기상 이변에 마치 내가 누라도 된 것 같이 마음이 몹시 안 좋았다.

사자는 고양잇과에 속하는 동물이다. 전 세계 고양잇과 동물이 35종인데, 대부분의 고양잇과 동물은 혼자서 살아간다. 그런데 그중에서 유일하게 여러 마리가 같이 모여서 사는 동물이 있으니, 바로 사자다. 사자는 무리를 이루면서 나름대로 엄격한 규정과 서열을 유지하면서 살아간다. 모여 사는 사자의 무리를 다른 말로 '프라이드'라고도 부르는데, 암사자들과 새끼들, 몇 마리의 수사자들로 구성되는 하나의 프라이드에는 보통 10마리에서 많게는 40마리 정도의 사자들이 모여 산다.

그런데 왜 백수의 제왕이라 불리는 사자만이 단체 생활을 할까? 우리가 세렝게티에 온 이유도 바로 거기에 있었다. 사람들이 가장 좋아하면서도 잘 모르고 있는 사자 가족의 생생한 실제 모습을 카메라에 담는다면 좋은 다큐멘터리가 될 거라 생각했다.

우리는 현지인으로부터 사자 프라이드가 있다는 제보를 받고 서둘러 길을 나섰다.

지름길로 가기 위해 비포장도로를 달리니 차가 심하게 덜컹거리고 허리가 아팠다. 가끔 어쩔 수 없이 비포장도로를 달려야 하긴 해도 매일 달리는 건 무리일 듯 싶었다. 그래도 가는 거리가 훨씬 짧아지니 연료는 많이 절약될 거란 생각에 꾹 참았다.

현지 안내인이 말하길, 습지 주변 지역은 촬영 허가 없이는 관광객을 비롯해 아무도 들어올 수 없는 곳이라고 했다. 역시 주변에는 관광차가 하나도 보이지 않았다. 저 멀리 수사자 두 마리가 어렴풋이 눈에 들어왔다. 초원의 지배자답게 고독하지만 위풍당당한 모습의 멋진 수사자를 상상했지만, 조금 더 가까이 가서 보니 오히려 조금 피곤해 보이는 듯한 모습이었다. 덩치는 사람의 두 배나 되어 보였지만…….

현지 안내인은 수사자 주변에 암사자들이 있을 것 같다고 말했다. 우리는 근처에 있는 나무 주변을 망원경으로 찾아보았다.

"저기 암사자들이 있어요. 하나, 둘, 셋… 모두 세 마리네요!"

카메라 감독이 먼저 카메라 줌을 당겨 암사자 세 마리를 확인했다.

"어, 그런데 그 옆에 새끼들이 있어요!"

정말이었다. 암사자 옆에는 출산한 지 한 달이나 두 달 정도 되어 보이는 새끼들이 일곱 마리나 보였다. 아니 이게 웬 횡재인가? 우리가 고대하던 암·수사자에 새끼까지 딸린 프라이드를 이렇게나 빨리 발견하다니! 세렝게티 산신령이 도와주시는 것 같아 감사할 따름이었다.

암사자들과 새끼들

사자 가족 주위에는 커다란 습지가 있었는데, 현지 언어로 습지를 '마쉬'라고 부른다고 했다. 우리는 이 사자 가족을 '마쉬 프라이드'라고 부르기로 했다. 습지 주변은 풀의 길이가 길어 어미만 보이고 새끼들은 숨어 있기 딱 좋아 보였다. 게다가 그곳은 수렁이 있는 습지라서 차도 들어갈 수가 없는 곳이었다. 사자 어미 입장에서는 아무도 접근할 수 없는 천연의 요새인 셈이다. 자연은 때로는 인간에게 어떠한 접근도 허용하지 않는다는 걸 다시 한번 느꼈다.

^
^
^

22개의 사자

프라이드를
구별하는 법

그런데 이 넓은 초원에서 전날 본 사자 가족을 다음날 또 만나기란 꽤나 어려운 일이었다. 사자들도 이동을 하기 때문이다. 사자를 찾더라도 생김새가 엇비슷해서 구별하기가 힘들었다. 서울에서 김씨 찾기처럼 쉬우면서도 어려운 것이 바로 사자 찾기인 듯했다. 일단 많은 시간과 노력이 있어야 하고, 운도 중요했다.

돌아오는 길에 세렝게티에서 오랫동안 사자를 연구하고 있는 사자 연구소를 방문해서 사자 구별의 노하우를 물어보았다. 그동안 이 연구소에서 쭉 관찰해 왔던 프라이드가 22개나 된다고 했다.

연구원들은 수염의 모양이라든가 귀의 모습, 얼굴이 찢어진 곳의 모양이나 개수, 위치를 본다고 했다. 얼굴이나 몸의 상처 부위 중 특히 체체파리에게 물린 부분은 나중에 자국으로 남는데 대부분의 사자에게는 이 상처 자국이 있게 마련이다. 연구원들은 그런 특성과 부위를 일일이 그리거나 사진을 찍어 놓아 수시로 돌아다니며 이들의 변화나 행동을 기록하고 있었다. 이를테면 세렝게티에 있는 모든 사자 프라이드의 생활 기록부를 작성하고 있었던 것이다. 생활 기록부를 보니, 거기에는 다양한 사자들의 이름이 적혀 있었다.

"데이비드 베컴, 브래드 피트…? 아니, 축구 선수와 영화배우 이름과 똑같네요!"

"네, 사자들의 생김새가 그 사람들과 조금은 닮았답니다."

사자도 자세히 보면, 사람처럼 서로 다르게 생겨서 이제는 딱 보면 구별할 수 있다고 했다.

연구원들은 수사자가 사자 프라이드의 위치 추적 장치와 같다고 했다. 근처에 수사자가 보이면 대부분은 근처에 수사자가 속한 프라이드가 있기 마련이기 때문이다. 그래서 몸집과 얼굴이 큰 수사자를 먼저 찾고, 그다음 그들의 얼굴을 자세히 살펴보면 어떤 프라이드인지 쉽게 구별할 수 있는 것이다. 이들의 사자 구별법을 유심히 새겨듣고 나니, 아프리카 초원의 사자 가족들과 한결 더 친해진 기분이 들었다.

이처럼 세렝게티에는 동물에 미쳐서 평생을 이곳에서 살고 있는 사람들이 많다. 사자 연구소의 박사들도 그렇고, 나 같은 다큐멘터리 감독들도 그렇다. 한번은 사자들을 찾아다니다 근처에 세계적인 자연

수사자의 얼굴에 난 상처 크기나 형태 등을 보고 프라이드를 구별한다.

다큐 촬영가이자 제작자인 휴고 반 라윅의 무덤이 있다고 해서 호기심에 그쪽으로 가보았다. 그는 탄자니아 자연 국립 공원의 아버지라 추앙받는 사람으로, 침팬지 연구가인 제인 구달 박사의 첫 번째 남편이기도 했다. 그는 야생 동물을 좋아해 평생을 차를 몰고 다니며 밤낮으로 야생 동물과 같이 머물며 살았다. 그는 죽는 순간까지 늙고 병약한 몸을 이끌며 탄자니아에서 촬영을 했다고 한다. 그는 자신이 죽으면 영국에 묻지 말고 자기가 사랑했던 이 땅의 야생 동물에게 먹이로 주어 달라고 유언했다고 한다. 죽어서까지 자연으로 돌아가겠다는 마음이었던 것이다. 하지만 탄자니아 정부는 차마 그렇게까지 하지는 못하고 고인이 생전에 텐트를 치고 머물렀던 이곳에 시신을 묻어 주었다고 한다. 무덤에는 이렇게 쓰여 있었다.

'휴고, 야생 동물 영화감독Hugo, Wildlife Film Maker, 1937~2002'

무덤 앞에 서 있자니, 문득 7년 전 세렝게티 초원을 한창 돌아다니던 때가 생각났다. 당시에 나는 식사를 마치고 식당 옆 모닥불을 펴놓은 곳 의자에 앉아서 차를 마시고 있었다. 그때 하얀 드레스를 입은 어떤 나이 많은 여자가 약간 술에 취한 채 나에게 뭐하는 사람이냐고 물어 본 적이 있었다.

"자연 다큐멘터리 프로그램을 제작 중이에요."

그러자 그녀는 훌쩍이며 이렇게 말했었다.

"여기 휴고 같은 녀석이 또 있구먼! 자연에 미쳐, 야생 동물에 미쳐 집도 가족도 버린 나쁜 사람!"

그렇게 흐느끼며 울던 여자가 바로 휴고의 미망인이었던 것이다.

나는 그 순간을 떠올리며 고인의 무덤 앞에서 한국식으로 절을 올렸다.

겉으로 보기에는 그렇게 초라하게 묻혀 있지만, 어쩌면 정말 이 세상에서 태어나 진정 행복하게 살다 간 몇 안 되는 사람이었을 것 같다는 생각이 들었다.

휴고 반 라윅, 그는 이 세상을 떠나고 없지만 온몸을 바쳐 자연을 사랑한 그의 혼은 여전히 세렝게티 초원을 돌아다니고 있을 것이다. 그리고 그가 남긴 사진과 작품은 여전히 수많은 사람들에게 전해지고, 그 작품들은 자연을 사랑하는 사람들에게 영원히 기억될 것이다.

^ ^
^ ^
^

암사자 3마리의
삼각형
찰떡궁합

언덕에 오르니 마쉬 프라이드의 영토가 눈 아래 펼쳐졌다. 그동안 마쉬 프라이드를 관찰하면서 새끼를 키우고, 잠자고, 새끼들과 함께 장난치며 돌아다니는 장면은 많이 찍었는데, 아직 촬영에 성공하지 못한 장면이 하나 있었다. 바로 사냥 장면이었다.

사자들은 이미 사냥을 한 모양인지 배가 조금 불룩해 보였다. 배가 부른 사자들은 우리 차가 가까이 오든 말든 신경도 쓰지 않고 배를 내민 채 누워서 잠을 청할 뿐이었다. 잠을 안 자는 새끼들만이 나무 덤불 위로 올라와 장난을 치다 제 어미한테 돌아가곤 했다.

우리는 근처 언덕으로 올라가 점심 도시락을 먹고 다시 녀석들 근처로 내려와 또 한참을 기다렸다. 옆에서 지켜보는 우리도 지겨울 정도로 녀석들은 마치 잠자는 병에 걸린 것처럼 줄기차게 잠을 잤다. 한번 사냥하면 보통은 3~4일을 잠만 자니, 우리 마음은 점점 급해졌다.

잘 모르는 사람들은 왜 그렇게 사자가 사냥하는 것을 찍지 못하느냐고 타박할지도 모른다. 그러나 사자 사냥을 찍는 것은 치타의 사냥을 찍는 것보다 훨씬 어려웠다. 녀석들이 주로 한밤중이나 새벽에 사냥을 하니 무슨 재주로 사냥 장면을 촬영할 수 있겠는가?

낮에는 이 녀석들도 더워서 몇 발자국 뛰다 보면 금세 지쳐 버린다. 결국 밤이든 새벽이든 어두운 시간대에 촬영을 해야 하는데, 그게 어디 쉬운 일이랴! 우선 조명을 마음대로 칠 수가 없을 뿐 아니라 너무 어두워서 녀석들을 따라잡을 수도 없다.

사자들의 사냥 습성도 사자의 사냥을 찍기 어려운 이유 중 하나다. 치타는 사냥할 때 멀리까지 쫓아가기 때문에 그 거리를 감안해 차가 어느 정도 떨어져 있으면 잡는 순간을 촬영할 수 있다. 반대로 사자는 몸이 무거워 잘 뛰지를 못하므로 풀 위에 납작 엎드리거나 바위 뒤에 숨어 있다가 사냥감이 가까이 다가오면 단숨에 덮친다. 그러나 수풀속에 숨어 있는 사자를 찾는 것도 생각보다 쉽지 않을 뿐더러 사냥 대상이 우리 차를 경계해서 가까이 오지 않는다면 사자도 우리도 김칫국만 마시는 꼴이 되고 마는 것이다.

얼마 전에는 한참 동안 한자리에 조용히 앉아 있던 사자 앞으로 어린 가젤 한 녀석이 겁도 없이 걸어왔다. 사자도 순간 공격할 태세를 갖추고 납작 엎드렸다. 풀을 뜯어 먹으며 사자 앞으로 걸어가던 어린 가젤은 뭔가 낌새를 챘는지 그대로 멈춰 주위를 살피더니 갑자기 도망가고 말았다.

사자도 안 되겠는지 이번에는 자기가 반대편에 있는 가젤 무리들을 향해 낮은 자세로 걸어갔다. 우리 차도 부지런히 거리를 유지하며 따라갔다. 그런데 차가 너무 가깝게 따라가면 가젤들이 차와 일정한 거리를 유지하며 도망가 버렸다. 반대로 가젤을 그 자리에 멈추게 하기 위해 우리 차가 멀리 떨어지면 풀 위에 납작 엎드린 사자가 보이질 않았다. 가까이도 멀리도 갈 수 없는 진퇴양난의 상황인 것이다.

게다가 사자는 치타보다도 사냥 성공 확률이 훨씬 못 미쳐 10번 중 1번밖에 되지 않는다. 운 좋게 촬영에 성공했는데, 바로 코앞에서 먹잇감을 놓쳐버린 게 벌써 몇 번째인지…….

어떨 때는 저렇게 사냥에 자꾸 실패하는 사자가 진정 불쌍하게 느껴질 때도 있었다. 새끼들도 며칠 동안 쫄쫄 굶고 아무것도 못 먹다가 결국 영양실조로 죽어 버리는 경우도 있기 때문이다. 다른 무리의 사자 새끼가 영양실조로 죽었다는 소식도 왕왕 들렸다. 제 아무리 사자 새끼라도 못 먹어 굶어 죽을 수도 있다는 게 놀라웠다.

게다가 아프리카에는 벌써 건기가 시작되고 있었다. 건기에는 사자들도 사냥을 많이 하지 못해 배를 많이 곯고 있을 터였다. 어쩌면 이때가 사냥 촬영의 적기일 수도 있다는 생각에 다시 힘을 냈다. 습지 건너편 사자들이 앉아 있는 쪽으로 달려가 보니 암사자 세 마리가 보

목표를 정한 암사자가 수풀에 숨어서 낮은 자세로 포복하고 있다.

였다.

　잠시 후 암사자들이 습지 가운데를 한참 주시하더니 한 마리가 그 쪽으로 달려갔다. 녀석이 달려가는 쪽을 살펴보니 아프리카 흑멧돼지 한 마리가 있는 것이 보였다. 녀석들이 이 흑멧돼지를 사냥할 모양인 것 같았다. 한 녀석은 흑멧돼지를 빙 돌아서 저 너머까지 가 있고, 한 녀석은 오른쪽으로 돌아서 서서히 접근해 갔다. 나머지 한 마리는 흑 멧돼지의 정면에서 서서히 다가갔다. 세 마리의 암사자가 삼각형 모 양으로 흑멧돼지를 포위한 것이다.

　이윽고 기회가 됐다고 판단했는지 흑멧돼지 너머에 있던 암사자가 재빨리 달려들었다. 깜짝 놀란 흑멧돼지가 오른쪽으로 뛰어 달아났 다. 바로 그때 오른쪽으로 접근하던 사자가 멧돼지를 향해 돌격했다. 필사적으로 도망가는 흑멧돼지를 잡기에는 약간 거리가 떨어져 있 어 실패하는 것 같았다. 그런데 숨어 있던 다른 사자 한 마리가 쑤욱 튀어나오더니 온힘을 다해 추격했다. 그리고는 그 마지막 주자가 약 30m쯤 추격 끝에 아슬아슬하게 멧돼지를 잡고야 말았다.

　"감독님, 찍었죠? 찍었어요?"

　나는 조급한 마음에 카메라 감독을 다그쳤다.

　"잠깐만요. 돌려 볼게요. 너무 빨리 일어난 일이라……."

　함께 영상을 돌려보니, 사자들의 추격 모습과 사냥 장면이 정확하 게 잘 찍혀 있었다. 순간 입에서는 기쁨의 환호성이 터져 나왔다. 그 동안의 고생과 마음 걱정이 한꺼번에 날아간 기분이었다.

사자가 사냥하는 모습을 직접 보니, 왜 사자들이 고양잇과 동물 중 유일하게 무리지어 사는지 알 수 있었다. 사자는 빨리 뛰지도 못할 뿐 아니라 재빨리 몸을 움직일 수 있는 순발력과 오래 버틸 수 있는 지구력도 약하다. 전속력으로 100미터만 뛰어도 헉헉 댄다. 큰 몸집 때문에 먹잇감을 향해 죽을힘을 다해 뛰고 나면 금세 지쳐 버리는 것이다. 그래서 사자들은 먹잇감을 구하기 위해서 꾀를 쓰는데, 바로 '몰이'와 '매복'이다. 몰이는 말 그대로 몰아간다는 뜻이고, 매복은 몰래 숨어 있다가 공격하는 것이다. 아까 본 장면에서 처음에 몰아가던 두 마리의 사자들이 몰이조였고, 갑자기 튀어나온 녀석이 바로 매복조였다. 사자 가족은 이렇게 조직적으로 움직여 사냥에 성공한 것이다.

수사자는
정말 동물의
왕일까?

그런데 왜 수사자는 사냥을 하지 않고 암사자들만 사냥을 하는 걸까? 그 힌트를 풀 수 있는 재미있는 장면을 봤던 적이 있다.

아침 일찍 마쉬 프라이드의 본거지 주변을 돌아보고 있었는데 젊은 수사자 한 마리가 커다란 머리를 흔들며 열심히 치타를 쫓는 것이었다. 신기한 장면이라서 우리는 부랴부랴 카메라를 세팅해 촬영을 시작했다. 속도로 보면 언감생심 사자가 치타를 따라갈 수는 없지만 웬일인지 계속해서 젊은 수사자는 치타를 쫓아가고 있었다.

"사자가 왜 치타를 계속 쫓아가고 있는 거죠?"

"치타가 수사자 약 올리는 것 같지 않아요? 치타는 뛰다 안 뛰다 하잖아요."

　치타는 적당한 거리까지 뛰다가 멈춰 서서 수사자를 보고 '어디 한 번 날 잡아봐라!' 하고 조롱하듯 쳐다보는 것이었다. 수사자는 그 치타를 잡으려고 힘든데도 혀를 내밀고 계속 뛰어오고 있었다. 그러다 더는 안 되겠는지 멈춰 서서 한참을 쉬었다. 사자가 더 이상 따라오지 않자 치타도 재미가 없어졌는지 멀리 사라져 버렸다. 그 광경이 마치 토끼와 거북이의 경주를 보는 것 같아 재밌었다.

　미국 월트디즈니 사에서 제작한 애니메이션 〈라이온킹〉에서 수사자는 위엄이 가득하고, 용맹하기가 하늘을 찌른다. 모든 동물을 통솔하는 동물의 왕으로 그려진다. 그러나 초원에서 직접 관찰한 사자는 〈라이온킹〉에 그려진 사자와는 정말 많이 달랐다. 수사자는 용맹해보이기는커녕 빨리 뛰지도 못했다. 수사자는 머리가 너무 큰 가분수인 데다가 민첩성도 떨어져서 사냥 능력은 거의 없다. 사냥을 하려면 풀 사이에 몸을 숨겨야 하는데, 커다란 머리와 갈기 때문에 사냥하려는 대상에게 금방 발각되기 일쑤다. 그래서 사냥은 모두 암사자의 몫이다.

　저번에 사자 연구소를 방문했을 때 여러 동물의 두개골을 전시해 놓은 것을 본적이 있었다. 두개골만 놓고 보니, 각각의 동물의 특징을 더 잘 알 수 있었다. 하이에나와 치타, 사자 같은 육식 동물은 송곳니가 날카롭고 튼튼했으며 전체적인 골격의 구조도 거의 비슷했다. 반면 초식 동물인 가젤은 어금니가 넓적한 게 마치 맷돌 같이 보였다. 암사자와 수사자의 두개골도 함께 전시해 놓았는데, 수사자의 두개골이 암사자보다 거의 두 배나 커서 매우 놀랐었다.

물론 수사자가 멋있어 보일 때도 있다. 해 뜨는 초원 한가운데 서서 엄청난 갈기를 바람에 마구 휘날리고 있을 때는 마치 카메라 앞에서 폼 잡고 있는 것처럼 멋있어 보였다. 동물의 왕이 누구인지까지는 얘기하기는 힘들 것 같고, 관찰한 바로는 최소한 사자 무리의 리더는 암사자이지 수사자가 아니었다. 그래서 제대로 된 영화 제목은 라이온 킹이라기보다는 여왕을 뜻하는 퀸Queen을 붙여서 '라이온 퀸'이 아닐까 하는 생각이 들었다.

그렇다면, 사자의 진짜 리더인 암사자들은 어떻게 가족을 구성해서 살까?

사자는 대부분의 다른 동물들과 달리 암컷이 중심이 되는 '모계 사회'를 이루어 살아간다. 쉬운 말로 하면, 외할머니, 어머니, 딸 등이 하나의 프라이드를 만들어 그곳을 평생 떠나지 않고 대대손손 한 가족을 이뤄 함께 살아가는 것이다. 시집을 가 수컷들의 무리로 들어가는 것이 아니라, 암컷들의 무리를 계속 유지하는 셈이다. 그 무리에서는 '할머니 사자', 즉 무리의 가장 나이 많은 연장자 암컷이 실질적 리더가 된다.

물론 무리에는 수사자도 함께 살아간다. 수사자은 암사자 가족으로 장가와서 처가살이를 하고 산다. 사냥을 못하는 수사자는 암사자가 사냥한 먹이를 가로채거나 얻어먹으며 산다. 그렇지만 이 수사자도 나름대로 프라이드에서 할 일이 있는데, 암사자가 사냥 나갈 때 다른

269

머리가 몸에 비해 많이 큰 수사자

암사자 어미와 새끼들

육식 동물들이 공격할 것에 대비해 새끼들 근처를 지키는 일을 한다. 또한 자신들의 영역을 침범해 오는 다른 수사자나 하이에나, 표범, 치타 등의 다른 육식 동물들을 몰아내는 일을 하기도 한다. 또 가장 큰 일이라고 할 수 있는 게 바로 아빠 노릇인데, 자손을 번성시키고 새끼들을 보호하는 일을 한다. 그러나 그런 일은 자주 일어나지 않기 때문에 대개는 하루 종일 시원한 그늘 밑에 누워서 잠을 청한다.

무리의 새끼 사자 중에는 암컷도 있고 수컷도 있는데, 암컷은 다 커서도 무리에 남는 반면 수컷은 갈기가 나고 힘이 세지면 무리에서 쫓겨나게 된다. 암컷들이 잡은 먹잇감을 자기들끼리만 나눠 먹어 버리고 새끼 수컷에게는 주지 않는데, 이 과정에서 새끼 수컷은 자연스럽게 쫓겨나게 되는 것이다. 사자들은 다 자란 수컷을 프라이드 밖으로 쫓아냄으로써 모계 사회라는 무리의 질서를 유지한다.

세렝게티에서 만났던 새끼 수컷도 마찬가지였다. 갈기가 나자 무리를 나가야 했다. 하지만 혼자만 '가출'한 것이 아니라 수컷 형제끼리 몇 마리가 무리지어 프라이드를 떠났다. 그럼 사냥도 못하는 수사자는 어떻게 살아남을까? 그들은 다른 동물이 사냥해 놓은 것을 빼앗아 먹기도 하고, 이미 다 먹고 버려진 고기를 주워 먹거나 심지어는 흰개미를 먹기도 하면서 그럭저럭 자신들의 목숨을 이어 나간다. 그렇게 떠돌아다니다가 다른 적당한 프라이드를 만나면 그곳 수사자에게 도전장을 내민다. 싸움에서 이기면 원래 수사자를 쫓아내고 자신이 그 프라이드의 새로운 가족이 되는 것이다.

^
^ ^
^

밀렵꾼을
만나다

밀렵꾼들이 많이 활동하는 시기는 비가 오지 않는 건기라고 한다. 강과 호수가 말라 있어 이동하기가 편하고 야생 동물을 잡는 덫을 몰래 놓기가 쉽기 때문이다. 밀렵꾼들은 고기와 가죽을 파는데 특히 사자와 표범, 치타 등 맹수류의 가죽은 아주 고가에 팔린다고 한다.

우리는 밀렵꾼을 잡는 레인저를 따라 밀렵꾼이 활동하고 있다는 현장에 가보기로 했다.

밀렵 현장 근처에 도착하여 보니 근처에 밀렵꾼들의 발자국이 있었다. 발자국을 따라 추적해 보니 역시나 동물들이 잘 다니는 통로에 덫을 놓아 둔 것을 확인했다. 아무래도 이 주변에 밀렵꾼들이 있을 것 같았다. 레인저들이 넓게 퍼져 밀렵꾼들을 찾아다니고 우리들은 그들의 뒤를 쫓으며 촬영하다 보니 온몸은 땀으로 뒤범벅이 되었다.

그런데 갑자기 고함 소리와 함께 저 멀리서 레인저가 밀렵꾼을 쫓는 모습이 보였다. 밀렵꾼들은 필사적으로 도망가고 레인저도 그 뒤를 쫓았다. 레인저와 밀렵꾼 간에 쫓고 쫓기는 추격 끝에 결국 세 명의 밀렵꾼이 체포되었다.

그들의 근거지를 알아내 가보니, 그곳에는 다른 밀렵꾼들이 사자와 치타의 가죽을 말리고 있었고 또 다른 덫을 만들고 있었다. 레인저들은 현장에 있던 모두를 체포하고, 그들이 가지고 있던 화살, 덫등 밀렵 도구를 압수한 후 동물 가죽들은 더 이상 못 팔게 불에 태워버렸다.

우리는 붙잡힌 밀렵꾼에게 왜 밀렵을 하는지 물어보았다. 밀렵꾼들은 사는 게 너무 힘들고 먹을 음식을 구하기 위해서, 또 애들을 학교에 보내기 위해서 어쩔 수 없이 밀렵을 한다고 했다. 그렇게 붙잡혀 감옥에서 형을 살고 나와도, 다른 먹고 살 거리가 마땅치 않아 또 밀렵을 할 수밖에 없다는 것이다. 결국 가난한 지역 주민들이 밀렵을 통해 생계를 잇고 있었던 것이다. 레인저는 동물들의 가죽과 박제를 사려는 사람이 줄을 서 있는 이상, 밀렵은 결코 줄어들지 않을 것이라고 잘라 말했다.

자연은 말 그대로 '자연 그대로' 놔두면 건강한 모습을 유지한다. 그러나 인간이 개입되면 어디 한군데든 무너지기 시작한다. 인간들이

사자나 표범, 치타 같은 육식 동물을 마구 사냥한다면 천적이 없는 초식 동물들은 급격히 증가하게 될 것이고, 그러다 보면 초식 동물들의 식량인 풀은 줄어들게 될 것이다. 그러면 언젠가는 초식 동물들도 굶어 죽게 될 것이다.

한 예로, 모잠비크에서는 코끼리를 특별하게 보호했는데 덕분에 그 개체수가 너무나 늘어나 버렸다. 코끼리들은 초원의 풀들을 마구 먹어댔고 다른 초식 동물들은 먹을 것이 없어서 다른 곳으로 밀려났다. 그러자 이들을 사냥해서 먹고사는 사자들이 사냥할 게 없게 되었고, 결국 평소에는 절대로 공격하지 않는 코끼리 어미를 밤에 몰래 습격해서 잡아먹는 기현상이 일어났다고 한다.

우리는 후대에게 코뿔소의 용맹함, 사자의 포효, 치타의 날렵함을 '박제'가 아닌, 진짜 살아 있는 모습 그대로 생생하게 물려줄 수 있을까?

과연 세렝게티는 앞으로도 영원할 수 있을까?

세렝게티에서의 긴 촬영을 마치면서, 우리는 이 중요한 물음과 마주하게 되었다.

7장

부시맨은
과연 고향을
찾을 수 있을까?

^
^
^

세상에서 가장
저렴한
출연료

아프리카 프로그램 제작만 해도 벌써 4번째. 아프리카 행 비행기를 타는 건 사전 답사를 합해서 족히 20번은 되는 것 같다. 초원에서 뒹군 시간만 해도 거의 2년이니 이제 아프리카는 나의 제2의 고향이라고 해도 무리가 아닐 듯싶다. 아프리카 행 비행기도 익숙해져서 이제는 타자마자 잠에 빠져드니 원⋯⋯. 잠에 빠져 있는 동안에도 비행기는 인도양을 가로질러 남아프리카 공화국의 요하네스버그를 향해 잘도 날아가고 있었다.

2013년 5월, 우리 제작 팀은 지구상의 가장 오지라고 할 수 있는 아프리카 나미비아로 가고 있었다. 과학 문명 없이 자연 그대로의 환경 속에서 대대로 살고 있는 아프리카 부족들! 그들은 어떻게 '생존'하고 있을까?

그동안 자연 그대로의 환경 속에서 치열하게 살아가는 동물을 찍어왔다면, 이번에는 지구상의 가장 열악하고 위험한 자연 환경을 훌륭히 극복하며 살아가는 인간들의 삶을 카메라에 담아볼 계획이었다. 한 팀은 가장 추운 곳에 살아가는 몽골 족의 후예를 찍기 위해 이미 알래스카 최북단 마을로 날아갔고, 우리 팀은 가장 더운 사막과 날씨를 견디며 살아가는 아프리카의 '힘바 족(일명 부시맨)'과 아직까지 야생 동물을 직접 사냥하며 살아가는 '산 족'을 찍기 위해 날아가는 중이었다.

돌이켜 보면, 그동안 나는 아프리카를 수도 없이 오가면서 국립 공원 안에 있는 수많은 동물들만 찍어 왔었다. 그 국립 공원들은 모두 정부가 현지 원주민들을 내쫓고 만든 '동물 보호 구역'이었다. 원래의 아프리카는 그렇지 않았겠지만, 지금 그곳에는 동물만 있고 인간은 없는 셈이다. 동물과 함께 살아가던 부족들은 강제로 다른 곳에 정착해 다른 일을 하며 살아가고 있을 것이다. 그동안 내가 만났던 아프리카 인처럼 그들은 공무원이기도 하고, 현지 가이드나 운전기사, 요리사이기도 하고, 때로는 생계를 위한 밀렵꾼이기도 할 것이다. 그리고 여전히 자신들의 생활 방식을 지키며 살아가고 있는 전통의 아프리카 부족들도 있을 것이다. 이번 촬영을 통해 나는 아프리카에서 살아가는 진짜 사람들의 모습을 담고 싶었다.

이런 저런 생각에 뒤척이며 잠을 자다 주변이 시끄러워 눈을 떠보니 어느덧 아침이었다. 눈에 익은 요하네스버그 공항에서 다시 나미비아 빈트후크 행 여객기로 갈아탔다. 좁은 여객기에는 서양인 관광객들이 빼곡하게 앉아 있었다. 낯선 곳을 찾는 여행객들의 표정은 마냥 밝아만 보였다. '나는 언제 일과 관계없이 호젓하게 여행을 즐길 수 있게 될까?' 하는 부러움도 잠깐 들었지만, 이내 이렇게 아프리카에서 오래 머물렀다 가는 나는 분명 행운아란 생각이 들었다.

공항 밖으로 나가니 현지 코디네이터가 우리를 보고 손을 흔들고 있었다. 한국에서 20년 전에 이곳으로 건너와 여기 사정을 누구보다 더 잘 알고 있는 그는 앞으로 발생할 여러 문제들을 잘 해결해 줄 든든한 지원자가 되어 줄 터였다. 우리는 그가 미리 빌려 놓은 촬영용 차에 짐을 실은 후 숙소인 사파리 호텔로 가 여장을 풀었다. 그리고 곧장 우리가 사용할 캠핑 용품을 사러 나갔다.

"와, 이곳이 아프리카 맞아?"

나미비아는 사파리 캠핑 관광이 발달한 나라여서 관련 물품들이 꽤나 잘 구비되어 있었다. 앞으로 몇 달간 텐트에서 묵으며 잘 텐데 다양한 용품들이 갖춰져 있어서 정말 다행이었다. 이 캠핑 용품들은 다른 이들에게는 여행의 낭만이겠지만, 우리에게는 집과 같이 소중한 공간이 될 것이다. 베이스용 텐트와 취사용 가스통, 코펠, 알루미늄 그릇, 컵, 기름통, 삽, 간이 의자 등을 구입하고, 수저와 포크 등을 사러 인근 슈퍼마켓으로 갔다.

관광객들이 많이 찾아서인지 우리나라의 마트에 비견할 만큼 판매하는 물품이 굉장히 다양했다. 제작진 입에서는 연신 감탄사가 나왔다. 아프리카도 급속하게 문명화 되고 있다는 사실에 우리는 놀라움을 금치 못했다.

다음날 우리는 힘바 족들이 사는 마을로 가기 위해 일찍 집을 나섰다. 차창 밖으로는 건기가 시작되어 주변은 누렇게 마른 풀들이 끝없는 초원을 이루고 있었다. 하루 종일 달려 힘바 마을에 도착하니 추장이 나와 우리를 맞이했다. 부족 마을 안에서 텐트를 치고 앞으로 몇 달을 생활할 텐데 추장의 인상이 아저씨처럼 넉넉해 보여 다행이란 생각이 들었다.

한국에서도 프로그램에 등장하는 이들에게 출연료를 주는 것처럼 아프리카 마을을 취재하기 위해서는 촬영료를 지불해야 한다. 이들이 생활하는 모습 일거수일투족을 바로 곁에서 몇 달간이나 촬영해 방송으로 내보내는 것인 만큼 힘바 부족에게도 그에 맞는 대가를 지불하는 것은 당연한 일이었다. 우리는 아프리카에 도착하자마자 미리 현지인을 힘바 마을로 보내 촬영료가 얼마인지 물어보았었는데, 추장은 우리가 촬영을 마칠 때까지 약 8,000N$(나미비아 달러)를 주면 된다고 했었다. 우리 돈으로 계산하면 대략 100만 원 정도밖에 안 되는 돈이었다.

우리는 마을에 짐을 풀자마자 추장을 찾아가 정말 그 정도만 주면 되는지 재차 물어보았다. 추장은 고개를 끄덕이며, 주변 친척들 마을을 함께 촬영할 경우 그들에게 옥수수 가루나 꿀 등 식료품을 사주면 된다고 말했다. 아프리카의 물가도 물가지만, 다른 부족들이 받는 것에 비하면 턱없이 적은 액수임이 분명했다. 아직까지 힘바 족들은 가장 전통 방식 대로 살고 있어서인지 마음도 순수한 것 같았다.

오후에는 집집마다 인사하며 누가 살며 추장과 어떤 관계인지 조사하러 돌아다녔다. 힘바 족 사람들은 사진 찍는 것을 좋아하고 참 호기심이 많았다. 사진을 찍은 다음엔 비디오든 사진이든 꼭 보여 달라고 했고, 카메라에 찍힌 제 모습을 보면서 참 신기해 하며 좋아했다.

마을 입구 바로 옆에 텐트를 치자 어느새 해가 졌다. 이곳에서 약 두 달간 생활해야 한다고 하니 기대도 크지만 은근히 걱정도 들었다. 물이 부족하다 보니 샤워는커녕 세수, 양치나 제대로 할런지…….

발전기를 돌려 전기밥솥으로 밥을 해서 라면 국물과 함께 저녁 식사를 대충 마쳤다. 하늘에는 무수히 많은 별들이 반짝이고 보름달처럼 커진 아프리카의 달이 밝게 우리를 비춰주었다.

스태프들과 성공적인 촬영을 기원하며 이런저런 얘기를 나누다 보니 어느새 밤 10시가 넘었다. 준비해 온 침낭에 몸을 뉘어 잠을 청했는데, 텐트 안은 주변에서 날아온 소똥, 염소똥 냄새로 가득했다. 뒤척이며 겨우 잠이 들었지만, 새벽이 오자 마치 동물 우리 안에서 자는 것처럼 염소 소리와 소 울음소리가 너무 가깝게 들렸다.

처음은 괴롭겠지만, 이 소리도 떠날 때쯤이면 우리도 모르게 익숙해져 있을 거란 생각이 들었다.

∧
∧
∧

소똥으로
집을 짓는
여자들

아침에 한국에서 임대해 온 위성 전화를 컴퓨터에 연결해서 인터넷을 시험해 보니 구름이 끼어서 그런지 통 연결이 되지 않았다. 식사 후 마을에서 우유를 짜는 모습을 헬리캠을 이용해 시험적으로 공중 촬영해 보았다. 헬기가 작아 아무래도 바람의 영향을 상당히 받는 것 같았다. 오후에 다시 소에게 풀과 물을 먹이러 가는 장면을 헬리캠으로 공중에서 촬영했다. 역시나 바람이 세게 불면 원격 조종이 제대로 안 먹혔다. 그럴 때마다 땅에 처박힐까 가슴이 조마조마했다. 그래도 여러 번 찍어 보면 그런대로 쓸 만한 영상을 건질 수 있을 것 같았다.

일단 전경을 스케치 해두고, 바로 본격적인 촬영에 들어갔다. 무엇을 찍을지 정해진 것은 없었다. 힘바 족들의 일상을 하나하나 포착하고 깊이 들어가다 보면, 아프리카의 진짜 모습을 카메라에 담을 수 있을 거라 생각했다.

힘바 족 여인들을 처음 봤을 때 가장 눈에 띄었던 것은 바로 피부가 붉은 색을 띠고 있었다는 점이다. 얼굴뿐만 아니라 머리카락과 온몸이 모두 불그스름했다. 힘바의 여자들은 평생 목욕을 하지 않는다고 했다. 우리 입장에서는 '어떻게 목욕을 안해?' 하며 놀랄 수도 있겠지만, 물이 부족한 아프리카 상황에서 힘바 족 여인들이 찾은 것은 어찌보면 지혜였다. 그들은 물 대신 매일 붉은 진흙팩을 하고 있었던 것이다. '오크라'라고 불리는 돌을 갈아서 그 가루를 우유를 발효시킨 요구르트에 개어 온몸에 곱게 바르면, 자연스럽게 진흙으로 온몸을 씻게 될 뿐만 아니라 강한 태양으로부터 피부를 보호하고 피부 결도 좋아진다고 했다. 매일 같이 온몸에 진흙팩을 하는 게 목욕보다 더 나아보이기도 했다.

그렇게 외모를 잘 가꾸는 힘바의 여인인데, 저쪽에 있던 두 명의 여인이 갑자기 마당에서 소똥을 주워 나르는 것이 보였다. 자세히 보니 소똥으로 집을 짓고 있는 중이었다. 그렇게 소똥을 모아서 진흙과 섞어 만든 반죽에 나뭇가지를 엮어 붙이니 반나절 만에 집이 뚝딱 지어졌다.

힘바의 여인들은 못하는 것이 없었다. 아침에 일어나면 옥수수 가루로 반죽을 해 끓여서 식사를 준비하고, 오크라 돌을 갈아 자신뿐 아

니라 자녀들에게도 분장을 시키고, 우유를 짜 요구르트를 만들고, 샘에 가서 물을 길어오고, 소똥을 이용해 집을 지었다. 여인들이 마을의 일을 도맡아 하는 데는 이유가 있었다. 대부분의 마을 남자들이 생계를 위해 도시로, 다른 고장으로 돈을 벌러 나갔기 때문이었다. 아프리카 오지에서 전통 방식을 고수하며 살고 있지만, 힘바 족에게도 문명의 파도는 피할 수 없었던 모양이다.

잠시 후, 우리는 힘바 여인네와 어린 아들이 같이 집 앞에서 빨래하는 모습을 촬영했다. 그런데 아무리 빨아도 빨아도 황토물이 계속 나왔다. 빨래를 하기 위해서는 멀리 우물까지 왕복 두 시간이나 걸어 물을 길어와 빨래를 해야 하니 얼마나 힘들까 싶었다. 하지만 힘바 여인들은 숙명이라고 생각하는지, 아님 아예 체념을 했는지 콧노래를 흥얼거리며 잘도 빨래를 했다.

내친 김에 오후에는 마을 여인네들이 멀리 떨어진 우물로 물을 길으러 가는 모습을 촬영했다. 길과 바닥은 마를 대로 말라 발을 디딜 때마다 먼지가 푹석푹석 났다. 우물 주변은 힘바 족뿐만 아니라 인근 마을 주민과 가축들도 나와서 매우 붐볐다. 예전에 우물이 없었을 때는 물이 나올 때까지 땅을 깊이 파 거기 고인 물을 길어다 먹었다는데, 우물이 좀 멀긴 해도 거기엔 항상 깨끗한 물이 나오니 어찌 보면 다행이다 싶었다.

^
^ ^
^

아이들에게

말을
배우다

　이곳 아이들은 3살까지는 엄마의 품에서 자란다. 하지만 그보다 더 크면 아이들끼리 어울려 다니며 자연스럽게 마을의 일을 돕고 살아가는 법을 배워 간다.

　점심때가 되자 아이들이 염소를 돌보다가 배가 고픈지 마을로 모여들었다. 엄마들은 우기 때 수확해 저장해 놓은 옥수수를 갈아 죽을 쒀서 점심 준비를 했다. 죽이 다 쒀지자 그릇에 덜어 숟가락도 없이 손으로 집어 먹었다. 아이들은 흙바닥을 누비며 놀던 그 손으로 그냥 죽을 집어먹는데 아무 탈 없이 잘도 큰다. 맛은 어떤지 먹어 봤는데, 특별할 것도 없이 그냥 싱겁고 담백했다. 통조림 깻잎과 김을 얹어 먹어

보니 그런대로 먹을 만했다.

동물과 달리 '사람'을 촬영하기 위해서는 주민과의 소통과 교감이 중요하다. 말이 잘 안 통하면 서로 오해도 생기고 촬영하기 힘들게 된다. 우리는 도착하자마자 간단한 대화부터 기본적인 단어들을 배워갔다.

촬영을 하려고 하면 아이들이 카메라 앞으로 우르르 몰려들어 촬영을 중지하는 일이 허다한데, 그래도 녀석들 덕분에 그나마 아는 힘바 말이 많아졌다. 인사말을 배우기도 전에 먼저 익힌 말이 '다쁘(비켜)', '가꼬(안 돼)', '인죠 운구노(이리 와)' 같은 말이었으니까. 게다가 마을 사람들은 카메라 촬영은 처음 겪어봐서 촬영을 제대로 진행하기 위해서 같은 말을 매일 반복해 사용할 수밖에 없었다.

"오따라 코친페렌데로(카메라 쳐다보지 마세요)."

"운자까 디티(기다리세요)."

"야루 까쁘(한 번 더), 가온제(계속하세요)!"

그러다 보니, 마을에 들어 온 지 열흘 정도 되자 마을 사람들과도 많이 친해져서 힘바 말로 인사도 하고 서로 이름도 부르게 되었다. 물 길으러 가거나 나무를 주우러 갈 때는 일부러 우리 텐트로 들러 인사를 하고 가기도 했다. 특히 아이들은 텐트에 신기한 볼거리나 사탕이나 과자 같은 맛있는 먹을거리가 있다는 걸 알아서 자주 찾아와 수다를 떨고 갔다. 촬영이 끝날 때쯤이면 힘바 사람이 다 되어 있을 것 같다는 생각이 들 정도였다.

저녁 식사 후 힘바 족을 찍은 스틸 사진을 정리하는데 아이들이 관심을 보였다. 자기네들끼리 이런저런 얘기를 하면서 손짓을 하며 웃고 떠들며 즐거워했다. 장난삼아 예전에 사자를 가까이서 찍은 사진을 보여주었더니 아이들은 악 소리를 치며 무섭다는 듯 눈을 가렸다. 그런 모습들을 보니 참 순진하고 귀엽다는 생각이 들었다. 밤이 되어 아이들을 돌려보내려는데, 갑자기 아이들이 사진을 보여줘서 고맙다는 마음을 전하려는 듯 일렬로 서서 박수 치며 춤을 추기 시작했다. 마음이 통하면 말이 통하지 않아도 얘기할 수 있다는 것을 느끼게 해준 아이들이었다.

사람들과 친해지면서 우리 텐트는 마을 사람들을 위한 간이 약국이 되었다. 며칠 전에는 추장이 감기가 들었다며 약을 얻으러 왔는데, 한국에서 준비해 온 약을 이미 마을 사람들에게 다 주어 버려서 약이 없었다. 추장은 전통적으로 먹는 약을 먹어 보겠다고 하며 다시 돌아갔지만, 마음이 썩 좋지 않았다.

바람이 잦아지고 날씨가 추워지면서 마을 사람들 중에 감기 환자가 생겨나는 일이 많아졌다. 한번은 마을 사람들을 태워 진료소로 향했다. 이렇게 진료소에 마을 사람을 태워주는 것도 벌써 세 번째였다. 의사는 우리 촬영 팀이 너무 자주 오는 것이 아니냐며 아는 체를 했다. 그 와중에도 '이거 진짜 TV방송에 나가는 거냐?' 하며 농담도 했다.

밖에는 저번보다 더 많은 환자들이 차례를 기다리고 있었다. 함께 온 도로시가 연신 기침을 해대다 그냥 앉아 있기 힘든지 아예 바닥에 누워 버렸다. 몹시 힘들긴 힘든 모양이었다. 의사가 열을 재어보니 체온이 38도가 넘었다. 와리미싸도 진료를 받는데 그녀도 38도를 넘어 갔다. 모두들 감기가 심하게 걸린 모양이다. 그런데 이곳에는 X-Ray 촬영기가 없어 폐를 촬영할 수 없으니 폐렴인지 아닌지 체크할 수가 없었다. 그저 감기약을 먹고 경과를 두고 볼 수밖에!

사람이 먹는 것은 부실하고 일은 많이 해야 하는데 몸이 견뎌낼까 걱정스러웠다. 유아 사망률이 아주 높기 때문에 평균 수명이 아주 낮을 수밖에 없다. 여기 힘바 족 사람들뿐만 아니라 아프리카 사람들 대부분 이런 운명 속에서 살아가고 있다. 우리는 진료비를 대신 지불하고, 감기약과 해열 진통제, 복통약 등을 사서 마을로 향했다.

마을로 돌아오니 마침 정부 보건소에서 마을 아이들에게 천연두와 홍역 예방 접종을 하러 나와 있었다. 힘바 마을 아이들이 병원에 마음대로 갈 수 없으니 일 년에 2회씩 이렇게 차로 순회하며 예방 접종을 한다고 했다. 엄마들이 예방 접종 카드를 들고 어린이들과 같이 나와 주사를 맞는데 아프다고 울고불고 난리도 아니다. 할머니는 연신 어르면서 달래고……. 이런 모습도 우리의 옛날 모습과 똑같아 보였다.

• • •

힘바 족은 땔감은 물론 집을 지을 때나 담장을 두를 때도 전부 '무파니'라는 나무를 사용했다. 우리도 숙소에서 밤마다 모닥불을 피우는데 이 나무를 주워서 땠다. 화력이 셀뿐만 아니라 아주 오래갔다. 어떨 때는 간밤에 피운 모닥불이 새벽까지 탈 때도 있었다.

주변에 널린 것이 죽은 무파니 나무라서 아이들은 쉽게 이 나뭇가지를 얻었다. 길이가 길거나 큰 것은 돌로 내리쳐 자른 후 묶어서 머리에 이고 오기도 했다. 힘바 족들은 필요한 물품을 거의 자연에서 구해서 썼다.

대변을 보는 화장실도 따로 없었다. 주변을 아무리 둘러보아도 쇠똥과 염소 똥 천지지만, 사람 똥은 통 볼 수가 없었다. 도대체 이 사람들은 어디 가서 볼 일을 보는 걸까 궁금할 정도였다. 이들은 볼일을 보고 난 뒤 뒤처리마저 나뭇가지나 돌로 하니 그야말로 환경오염과는 거리가 아주 먼 생태적인 사람들이란 생각이 들었다.

8시쯤 식사를 다 마치고 추장 부인인 와금와 집 근처에 피워 놓은 모닥불로 젊은 여인들과 아이들이 모였다. 서로 오늘 하루 있었던 일에 대해 얘기를 나누더니 잠시 후 아이들이 힘바 전통춤을 추기 시작했다. 젊은 엄마와 언니, 누나들은 이에 호응 박수를 치며 노래를 불렀다. 동쪽 하늘엔 휘영청 보름달이 떠있고 모닥불에서 피어오르는 연기 냄새가 그렇게 향기로울 수가 없었다. 이런 모습을 쳐다보고 있으려니 저절로 웃음이 나왔다.

이런 낭만적인 분위기와 향기를 또 어디서 느껴볼 수 있을까? 비록 소, 양, 염소, 닭, 당나귀 이런 가축들과 같이 맨땅 위를 뒹굴고 모래 먼지를 마시며 맨발로 사는 인생들이지만, 어쩌면 이것이 바로 우리가 예전에 잃어버렸던 행복은 아닐지……

나도 흥겨운 마음에 '에라 모르겠다.'라는 심정으로 춤판에 끼어들었다. 그동안 눈썰미로 익혔던 춤을 따라 춰 보았다. 미친 척하고 춤을 추니 사람들의 반응이 후끈 달아올랐다. 발로 땅을 구르며 팔을 휘두르며 춤을 췄는데, 보기보다 힘이 많이 들었다. 직접 춰 보니 왜 이 사람들이 한 사람씩 돌아가면서 춤을 추는지 이유를 알 것 같았다. 한참을 돌아가며 춤을 추고 있자니 내 마음도 완전히 풀어져 행복감이 밀려왔다. 그 사이 저 멀리 끝도 없는 지평선에서는 어느덧 노을이 붉게 물들고 있었다.

^
^
^

오크라 돌
찾아
삼만 리

몸을 붉게 물들이는 데 쓰는 오크라 돌은 읍내에도 팔지만 직접 캐면 사는 것보다 훨씬 싸게 구할 수 있다고 한다. 그래서 힘바 족 여인들은 때로 마을에서 150km나 떨어진 산지까지 가서 직접 오크라를 구해오기도 한다. 우리는 오크라 돌을 캐는 장면을 찍기 위해 힘바 족 여인들을 따라 1박 2일 동안의 출장을 떠나기로 했다.

아침 6시, 마을을 떠나 먼 길을 가기 때문에 여자들은 아침 일찍부터 일어나 오크라 분장을 하느라 야단이었다. 추장 부인을 포함해 모두 4명의 여자들과 짐을 들 남자 한 명이 추장에게 인사를 하고 길을 나섰다. 그런데 그 먼 길을 그냥 걸어가야 하는데, 운이 좋으면 차라도 얻어 탈 수 있다고 했다.

큰길까지 걸어와 한 시간 정도 기다리는데 차가 한 대 지나갔다. 모두가 일제히 일어나 손짓을 하며 소리쳐 불렀지만, 차는 그냥 지나쳤다. 인원이 많은 데다 짐도 있어서인지 모두 그냥 지나쳐 버렸다. 차를 얻어 타지 못하면, 그곳까지 걸어가야 한다. 결국 한참을 기다려서 겨우 트럭 한 대를 얻어 탔다. 짐칸에 타고 비포장도로를 달리니 모두들 멀미를 하는지 안색이 안 좋아 보였다.

광산에는 여러 구덩이가 있었다. 광산 주인이 한곳을 지정해 주면 그곳을 내려가서 파면 되는 것이었다. 그런데 내려가는 사다리가 나뭇가지로 대충 만들어져 자칫 실수하면 떨어져 다치기 십상이었다. 나이 많은 추장 부인이 사다리를 잡고 내려가는데 촬영 내내 마음이 불안했다. 그런데도 오크라를 캔다는 일념에 마을 사람들은 오르락내리락 하며 잘도 캐냈다.

옆에서 지켜보니 이 돌을 캐는 게 그렇게 만만하기만 한 게 아니었다. 좁은 곳에 허리를 구부리고 들어가 한참을 망치로 두드려도 아주 조금의 양만 얻을 뿐이었다. 내가 옆에서 이들을 촬영하는 것조차 어려울 정도로 비좁고 험한 환경이었다. 오크라 돌을 얻기 위한 이들의 노력은 과거로부터 오랫동안 내려온 전통일 것이다. 어머니에서 며느리로, 다시 딸에게로 이어지며 부족의 정체성을 만들어준 오크라 돌을 얻기 위한 이들의 노력은 가히 상상하기 어려운 것이었다. 온종일 어두운 동굴과 계단을 오가며 오크라 돌을 캐내던 시간이 금세 흐르고 어느덧 해가 기울기 시작했다.

그런자 광산 주인이 아래를 향해 어서 나오라는 신호를 보냈다. 오크라 광산은 신성시 되는 곳이어서 해가 지기 전에 산을 내려가야 한다는 것이었다. 다음날 아침에 다시 캐러 오기로 하고 일단 하산하기로 했다.

그런데 주위가 어두워지자 힘바 족 여인들은 그냥 땅바닥에 불을 피우고 잠을 청하는 것이었다. 나이 60살 먹은 추장 부인부터 젊은 여자들까지 모닥불을 피워놓고 노숙을 하는 것이다. 그 고생을 하고도 노숙을 또 하다니 정말 대단한 사람들이란 생각이 들었다.

"어디서 잠을 잘 생각이오?"

추장 부인이 물었다.

"저희는 근처 여관에서 자겠습니다."

"여기서 같이 자지 그러시오?"

농담인 듯 웃으면서 내게 건네는 말에서 여유로움이 묻어나왔다.

다음날 일찍 일어나 다시 오크라를 캐러 갔다. 한 자루가 꽉 차지 않아 우리 제작 팀이 촬영 협조 비용으로 오크라 한 자루를 사서 선물했다.

"이틀 동안 캔 것과 우리가 선물한 것을 합치면 한 1년 정도 사용할 수 있습니까?"

"1년? 아이고, 우리 마을 사람들이 한 달이면 다 쓰겠지!"

그렇게 물었던 내가 괜히 무안해졌다.

예전에는 오크라 돌을 구하는 것도 그렇게 어렵지는 않았을 것이다. 광산도 줄어드는 데다가, 돈이라도 있으면 사서 쓰겠지만 그 또한 넉넉지 않으니 언젠가는 힘바족들의 붉은 얼굴도 변하게 될 것이다. 어쨌든 지금은 이틀간 고생해 한 달 동안 쓸 오크라를 구했으니 추장 부인은 몸은 힘들었어도 그날 밤은 뿌듯할 것 같았다.

• • •

그렇게 오크라를 구해 오고 나서 얼마 후 부족의 중요한 행사가 있었다. 바로 추장의 첫째 부인이 돌아가신 지 딱 일 년이 되는 날이었다. 마을 사람들이 모두 모여 함께 춤을 추고 술을 먹으면서 죽은 이를 추모하는 의식을 치렀다. 추장에게는 둘째 부인과 셋째 부인이 있는데, 함께 동고동락했던 이를 추억하는지 눈가에 눈물이 가득 맺혔다.

힘바 족 남자는 여러 명의 아내를 둘 수 있다고 한다. 남자들은 능력껏 몇 명의 여자를 데리고 사는데 아내들은 대개 사촌 간이나 친척인 경우가 많다. 그런데 일 년 전 죽은 추장의 첫째 부인은 원래 형의 부인, 즉 형수였다고 한다. 아주 오래 전 형이 죽고 나자 전통에 따라 형의 부인을 아내로 맞이하게 된 것이다. 힘바 족은 사람이 죽으면 그에 딸린 식솔들을 모두 형제가 거둬 함께 살아간다. 추장의 아들들도 원래는 조카들인데 형이 죽음으로써 아들이 된 것이라고 했다.

재밌는 것은 남자만 여러 명의 아내를 두는 것은 아니라는 점이다.

힘바 여인들은 남편과 전혀 상관없이 자기가 마음에 드는 남자와 사랑에 빠질 수 있다고 한다. 그렇게 아내가 낳은 자식은 무조건 자신의 자식으로 인정한다는 것이다. 그러니까 이곳에서 '부모 자식 사이'라 해도 우리 개념으로 파악하려면 복잡하지만 족보를 확실히 확인해야 했다. 자식이라 해도 엄마가 누구며, 현재 아버지가 살아 있는지도 확인해야 하며, 그냥 아들이라고 해도 더 알아보면 종종 우리 개념의 조카들도 많았다.

우리의 문화와 생각으로는 이해하기 힘든 참 복잡한 가족 제도이지만, 이 힘겨운 땅에서 살아가기 위한, 혹은 살아남기 위한 이들만의 오랜 지혜라는 생각도 들었다. 모든 생명체는 자신이 살아가는 자연 환경에 가장 적합한 독특한 문화를 만들며 살아가고 있다. 그것은 동물도 그렇고 인간도 마찬가지다. 고양잇과 동물들 중 유일하게 모계 중심의 집단생활을 하는 사자들이 그런 것처럼, 힘바 족들도 아프리카라는 만만치 않은 환경 속에서 살아가기 위한 나름의 생존과 번식 전략을 택한 것이 아니었을까?

^
^ ^
^

건기,

소 떼를 몰고
멀리 떠나다

건기가 찾아오자, 먹을 것이 없어졌다. 아프리카의 건기는 부족에게도 견디기 힘든 시련이다. 키우는 소들에게 먹일 풀이 다 바닥을 드러냈기 때문이다. 어쩔 수 없이 부족 사람들 몇몇이 소들을 직접 몰고 10km나 떨어진 산으로 가서 풀을 먹이기로 했다. 이번에 집을 나서면 두 달 동안이나 그곳에서 생활해야 한다고 했다.

여자들은 짐을 머리에 이고 남자들은 어깨에 메고 길을 나섰다. 우리 제작진도 촬영 장비를 챙겨 함께 걸어서 출발했다. 얼마 가지 않아 물 펌프가 있는 곳에서 잠시 머물며 소들에게 물을 먹였고, 여자들은 사람이 먹을 물을 물통에 받았다. 건기는 물과의 싸움이다. 인간도 동물도 물이 없으면 죽는다.

가까워 보였던 산인데도 소를 몰고 걸어가니 7시간이나 걸렸다. 다행히 그곳에는 예전부터 써오던 간이 움막이 있었다. 도착하자마자 소를 우리 주변에 풀어 풀을 뜯어 먹게 하고 사람들도 옥수수 죽을 만들어 식사를 마쳤다.

이제 가장 중요한 일이 하나 남았다. 바로 우물을 파는 것이었다. 부족들은 전통 방식대로 나뭇가지를 주워 그 나뭇가지가 가리키는 곳의 땅바닥을 삽으로 파 들어갔다.

'이 마른 땅바닥 어디에 물이 있을까?'

건기가 깊어져 물이 마를 대로 말라버린 지금 과연 물이 나올까 의구심이 들었다. 얼마간 파내려가니 바닥이 딱딱해 삽으로 더 이상 팔 수 없게 되었다. 그러자 다른 사람이 내려가 커다란 돌을 이용해 다시 힘겹게 파내려 갔다. 전통적으로 힘바 족들은 이렇게 샘을 파서 갈증을 해소했다고 한다. 이렇게 힘들게 물을 구하는데, 어찌 한 방울의 물도 헛되이 쓸 수 있을까 하는 생각이 들었다.

그런데 남자 셋이 파는데도 더 이상은 파지지 않는 것이었다. 도중에 지쳐버린 한 사람은 땅바닥에 아예 누워 버렸다. 어느새 해는 져버렸다. 사람들은 이 구덩이에서는 더 이상 물이 안 나올 것 같다며 일단은 움막으로 돌아갔다.

다음날 또다시 고통스러운 우물 파기가 시작되었다.

이번에는 위치를 바꿔서, 원래 강바닥이었으나 지금은 말라버린 곳을 파기 시작했다. 순전히 모래라서 전날보다 파기 수월했지만, 그 또한 파기가 만만치 않았다. 남자들뿐 아니라 여자들도 가세해 구덩이를 파내려 갔다. 쉴 새 없이 파내려 가 어느새 깊이가 사람 키보다 더 깊어졌다. 거의 2미터 가량 파내려 간 것 같았다.

바로 그때 드디어 바닥에 물기가 촉촉이 보이기 시작했다. 사람들은 물이 나올 것 같다며 신이 나서 힘을 냈다. 곧 바닥에는 물이 고이기 시작했다. 성공이었다. 이제 큰 고비는 넘겼다. 물이 있으니, 소도 사람도 죽지는 않을 것이다.

매년 반복되는 건기. 그리고 그때마다 이렇게 어렵사리 물을 찾아 떠나는 부족의 문화는 언제부터 지속된 것일까? 분명한 것은 지구 온난화가 계속되는 한 앞으로 더 나빠질 일만 있지 좋아질 일은 없다는 것이다.

가혹하고 견디기 어려운 아프리카의 자연 조건을 스스로 극복하는 힘바 족. 겉으로 보기에는 행복하게만 보였지만, 그들에게도 이렇게 힘겨운 생존 투쟁이 있다는 사실에 가슴이 숙연해졌다. 그들은 이토록 가혹한 아프리카의 건기를 서로 협동해서 지혜롭게 잘 견뎌오고 있었던 것이며, 그것은 인간, 아니 생명의 경이에 가까웠다.

부시맨 마을,
2달러에
전통을 팔다

촬영 일정상 힘바 마을은 다시 또 찾기로 하고, 이번에는 부시맨들이 사는 마을로 갔다. 30년 전 영화 〈부시맨〉의 주인공들인 이 아프리카 오지의 사람들은 지금쯤 어떻게 살아가고 있을까? 그들은 알려진 대로 아직까지 동물들을 직접 사냥하면서 살고 있을까?

그들의 진짜 모습을 담기 위해 우리는 서둘러 차를 타고 이동했다. 가는 도중 나이가 무려 3,600년이나 되었다는 바오밥 나무를 보았는데, 거대한 크기만큼이나 아프리카의 긴 역사를 담고 있는 것 같아 경건한 마음이 들었다.

우리는 현지인을 통해 미리 섭외해 놓은 마을에 도착했다. 그런데 마을 사람들이 남녀노소를 불구하고 전통 복장을 하고 있는 것이 아닌가?

'아니, 이렇게까지 전통적인 삶을 그대로 살고 있는 건가?'

하지만 그 생각을 바꾸는 데는 불과 몇 분 걸리지 않았다. 그들은 그야말로 관광객들에게 보여주기 위한 전형적인 복장을 일부러 갖춰 입고 있었던 것이다. 마을 입구에는 민속촌처럼 관광객들에게 팔 요량으로 장신구에 가격표를 매달아 전시해 놓았다. 속으로 '이건 아닌데?' 하는 생각이 들었다.

남자들은 사냥에 쓰일 독화살을 만들고 있었고, 다른 한편에서 여자들은 전통 민속춤을 추었다. 이곳에서는 돈을 주기만 하면 밖으로 나가 사냥도 해 보인다고 했다. 아니, 화살 하나로 아프리카 초원을 주름잡던 부시맨들은 다 어디로 간 것일까? 그들도 어쩔 수 없는 세상의 변화를 받아들인 것일까? 그들은 관광객이 오면 이렇게 전통복장을 하고 손님을 맞이하지만, 평소에는 여전히 사냥을 하러 떠난다고 말했다. 이것이 진짜 그들의 모습이라면 그것을 기록하는 것도 의미 있는 일일 것이다. 일단 이 부족민들의 모습을 카메라에 담아보기로 했다.

다음날 오후에 이 마을로 관광객 4명이 오기로 되어 있어 우리 제작 팀도 조금 일찍 마을에 도착했다. 마을 사람들이 전통 복장으로 갈아입기 시작하는 모습부터 촬영했다. 한곳으로 모두 모이니 약 50명쯤은 되어 보였다.

사냥하는 모습을 시연하고 있다.

이윽고 마을 옆에 있는 민속촌으로 이동해 가는데 그 모습이 장관이었다. 예전에는 다 이렇게 살았을 텐데 문명에 밀려 지금은 어쩔 수 없이 현대식 옷을 입고 생활하다가 관광객이 오면 전통 복장을 하고 옛날식으로 지은 움집이 있는 민속촌으로 가는 것이다. 10분을 걸어 민속촌에 도착하자 약속대로 프랑스 인 부부가 버스에서 내렸다. 부시맨 몇 명은 관광객들에게 팔 민속 기념품을 전시하고 여인네들은 마당 한 가운데 모여 민속춤을 선보였다. 우리나라 민속춤인 강강술래 같은 춤도 추고 나무 열매를 서로 던져서 주고받기도 했다. 관광객들이 오는 시즌에는 주로 이렇게 관광객들을 대상으로 돈을 벌며 살고, 관광 시즌이 끝나면 옛날식으로 사냥을 해서 먹고 살아가는 것이다.

민속춤 공연이 끝나자 남자 대여섯 명이 활과 화살을 메고 풀밭으로 가 실제 사냥하는 것처럼 포즈를 취했다. 관광객들은 진짜 사냥이라도 하는 것처럼 사진을 찍느라 바빠 보였다. 실제 사냥에서도 이런 모습을 보여 준다면 아주 훌륭한 다큐멘터리가 나올 것 같다는 생각을 했다.

다음날 본격적으로 부시맨들을 따라다니며 이들이 실제 사냥하는 모습을 카메라에 담기 시작했다. 부시맨들은 전통적으로 사냥하는 데 총이나 다른 것을 쓰지 않는다. 오로지 독화살을 쏘아 녀석들을 잡는다. 독이 온몸에 번지는 데 1~2시간 걸리니 마지막으로 숨을 끊어 놓는 데 창을 활용할 뿐이다. 그만큼 독화살을 만들고 관리하는 것은 부시맨들에게 아주 중요하다.

부시맨 사냥꾼 두 명이 이곳저곳에서 땅을 파냈다. 풍뎅이의 번데기를 찾는 것이었다. 한참을 뒤지니 신기하게도 번데기 몇 십 개가 나왔다. 풍뎅이 번데기의 껍질을 벗겨내 그 안에 들어있는 애벌레를 으깨면 그 몸에서 강한 독이 나오는데, 그것을 화살에 바르면 된다고 했다. 그런데 이 독은 독사의 독만큼 강해서 이 액을 묻은 손으로 눈을 비비면 실명을 할 정도라고 했다. 실제로 마을 주민 중에는 이 독 때문에 죽은 사람도 있고, 실수로 넘어지는 바람에 자기 독화살에 찔려 팔을 잘라낸 사람도 있다고 했다.

독화살을 다 만든 후에 한번 화살을 힘껏 쏴보라고 했더니 약 70m 정도는 충분히 날아갔다. 야생 동물을 찾기가 어려워서 그렇지, 찾기만 하면 이 독화살로 너끈히 잡을 수 있을 것 같았다.

사냥감을 찾아 한참을 헤매다가 한 명이 풀밭을 헤치고 땅을 쇠창살로 파기 시작했다. 서로 번갈아가며 꽤 깊이 파보니 땅속에서 무 뿌리 같은 게 나왔다. '워터 루트 컴프로'라고 불리는 나무뿌리인데, 바로 캐서 껍질을 벗겨 서로 나누어 씹어 먹었다. 나도 먹어 보라 해서 한 조각을 먹어 보았더니 그야말로 그냥 무맛이었다. 물을 구하기가 어려우니 이렇게 뿌리를 캐서 물 대신 먹는다고 했다. 갈증을 해소하고 나자 한낮의 뜨거운 열기를 피해 누가 먼저랄 것도 없이 화살을 내려놓고 그늘에 몸을 뉘었다.

그렇게 2시간을 잠을 청한 후, 다시 길을 나섰다. 그런데 한참 사냥

사냥하러 가는 부시맨들

감의 발자국을 따라 쫓던 사냥꾼들이 갑자기 멈춰 섰다. 무언가 발견한 기색이었다. 주위를 둘러보아도 아무 것도 보이지 않았다. 서로 이런저런 얘기를 하며 작전을 짜던 사냥꾼들이 사냥 가방을 살며시 내려놓은 뒤 활과 화살만 챙긴 채 살금살금 숲속으로 들어갔다. 가이드에게 물으니 숲 반대편에 있는 영양 한 마리를 발견했다는 것이다. 낮은 포복으로 기다시피 몸을 낮춰 무엇인가에게로 다가가는 모습이 마치 사냥할 때의 사자를 보는 것 같았다. 평소에 초원을 걸어가다 나무에 붙어 있는 진액을 따먹는다든가 바오밥 나무 열매를 주워 먹는 그런 여유로운 모습은 온데간데없었다. 그 예사롭지 않은 폼을 보니 조만간 꼭 사냥에 성공할 것만 같았다.

하지만 그런 기대도 잠시! 사냥꾼들이 풀 죽은 모습으로 돌아왔다. 화살을 몇 대 쐈지만 모두 빗나가고 그 녀석은 걸음아 날 살려라 하며 내빼버렸다는 것이다. 초식 동물의 달리기 솜씨는 이미 세렝게티 초원에서 수도 없이 보아온 터였다. 일단 녀석이 독화살에 맞지 않았다면 녀석을 따라가기에는 인간의 걸음으로는 턱도 없다. 지구상에서 가장 빠르다는 치타도 사냥 성공률이 30% 정도밖에 되지 않는데 부시맨이 아무리 빨라도 사냥 성공률이 그 이상 될 수는 없는 것이다.

결국 해는 지고 야영 준비를 했다. 야영 준비라야 주변에 널려 있는 나무를 주워 불을 피우는 것이 전부였다. 나무 가지 위에 마른 풀을 올려놓고 화살대를 양손으로 비비니 정말 불이 쉽게 붙었다. 비가 오지 않아 나무 가지가 마를 대로 마른 것이다. 준비해 간 감자를 구워 저녁을 때우고 잠을 청했다. 우리도 준비해간 침낭에 피곤한 몸을 뉘였다. 하늘에는 은하수가 좌우로 하얗게 펼쳐져 있었고 한국에서는 평생에 다 못 볼 것 같은 수많은 별들이 반짝거렸다. 가끔 별똥별도 긴 꼬리를 그으며 떨어졌다. 제작 팀은 모두들 이런 장관은 생전 처음 본다며 하늘을 뚫어져라 쳐다보더니, 어느새 코를 그르렁 골며 잠나라로 빠져들고 말았다.

• • •

부시맨들이 마을을 나선 지 얼마나 되었을까? 우리 제작 팀이 이들을 따라 다닌 것도 거의 한 달이 다 되었지만 사냥은 계속 실패였다. 부시랜들도 자기들이 사냥에 성공한 지 두 달이 넘었다고 했다. 건기라서 초식 동물들이 모두 멀리 이동한 것도 있지만, 동물들이 많이 사는 곳은 거의 대부분 정부가 '사냥 금지 구역'으로 설정해 두었기 때문이라고 했다. 그렇게 부시맨들과 함께 우리 제작 팀도 힘겹게 사냥감을 찾아 나서고 있었다.

그러던 어느 날, 포큐파인 서식지를 찾아 여기저기 널려 있는 발자국과 배설물을 따라가다 보니 제법 깊은 굴이 몇 개 파여 있는 것을 발견했다. 사냥꾼 말로는 그곳에 포큐파인이 있다는 것이었다. 모두들 각각 굴 앞에 창을 들고 기다리고 있고 한 명이 랜턴을 들고 굴 안으로 들어갔다. 포큐파인을 다른 구석으로 몰기 위해서였다. 잠시 후 나머지 사람들이 포큐파인이 숨어 있다고 짐작되는 곳의 땅을 파기 시작했다. 그렇게 한참을 땅을 파니 정말 온몸에 날카로운 바늘을 뒤덮고 있는 포큐파인 한 마리가 모습을 드러냈다. 그 순간, 사냥꾼 한 명이 창을 이용해 포큐파인을 단번에 찔렀다. 독 안에 든 쥐를 잡듯 오랜 지혜를 이용해 드디어 산짐승 한 마리를 잡은 것이었다. 비록 화살로 멋지게 사냥하는 것은 담지 못했지만, 그래도 이렇게 짐승을 잡는 모습을 담은 것이 얼마나 다행인지 모르겠다며 제작 팀은 환호성을 질렀다.

굴속에 숨어 사는 포큐파인 사냥하기도 이렇게 어려운데, 하물며 그 민감하고 빠른 초식 동물들을 총도 아닌 화살로 사냥하기는 정말 힘든 일인 것이다. 나중에 들은 얘기지만 현지 코디네이터 말로는 요즘 부시맨들이 사냥에 성공하는 것은 무척 어려운 일이라며, 포큐파인이라도 사냥했다면 무척 행운이라고 했다.

어쨌든 우리는 포큐파인을 사냥하는 장면을 촬영했으니 불행 중 다행이었다. 하지만 이렇게 사냥이 어려운데 부시맨들이 더 이상 사냥으로 생존하기는 어려워 보였다. 점점 각박해지는 아프리카의 환경이 이들의 목을 옥죄고 있다는 사실에 발걸음이 무거웠다.

^ ·
^ ^
^

부시맨들은
다시 고향을
찾을 수 있을까?

저녁 해질 무렵에 마을 추장 꼰다를 만나 인터뷰를 했다.

추장 말로는 자신들의 부족이 원래 이 마을에 정착해서 살았던 것이 아니라고 했다. 자신들은 대대로 사냥을 위해서 이곳저곳을 이동하며 살았는데 1990년에 정부로부터 이동하지 말고 한곳에 정착해서 살라는 명령에 받았다고 했다. 그마나 이 마을에서 약 10km 정도 떨어져 있는 나예나예 습지Naye Naye Pan 근처에는 야생 동물들이 꽤 모여드는 곳이지만 그곳은 부시맨들에게 사냥 금지 구역으로 지정되어 있다고 했다.

인터뷰를 마치고, 마을에서 기르고 있는 소의 젖을 짜는 모습을 촬영했다. 그런데 매번 볼 때마다 남자들이 소젖을 짜지 여자가 짜는 것을 보지 못했다. '카쉐'라는 이름의 남자 사냥꾼이 젖을 짜고 그 우유를 집으로 가져가 가족들과 나눠 먹는 모습을 촬영했다. 나는 그에게 소젖 짜는 일에 대해 물어보았다. 그런데 뜻밖의 대답이 돌아왔다.

"그 소는 우리 부족의 소가 아니랍니다."

그는 슬픈 표정을 지으며 말을 이어나갔다.

"읍내에 있는 사람의 소를 우리가 대신 길러주고 있는 거죠. 우리들은 이렇게 소를 길러주는 대신, 우유를 짜서 먹을 수 있어요. 예전처럼 사냥을 하지 못하니 이렇게라도 해서 가족들을 먹여 살려야죠."

이곳에 정착해 살고 있는 부시맨들은 힘바 족들과 달리 별로 행복하거나 만족해 하지 않아 보였다. 한때 초원을 마음껏 돌아다니면서 야생 동물들을 사냥하던 이들이었는데, 강제로 한 마을에 정착해 살아가자니 행복할 리가 없었다. 더구나 전통적으로 생계 수단이었던 사냥조차 하지 못하고, 동물원의 동물들처럼 관광객들에게 자신들의 과거를 팔면서 살아가고 있으니 얼굴에 깊은 그늘이 드는 것도 당연했다.

"이제 자식들에게 이런 삶을 물려주고 싶지는 않아요."

그는 이곳을 떠나 더 나은 삶을 살고 싶다고 했다.

30년 전, 화살 하나 들고 사자처럼 드넓은 초원을 호령하던 초원의 왕자들은 지금 고향을 떠나 옛 향수를 그리며 다른 삶을 꿈꾸고 있었던 것이다.

그의 말을 들으니, 처음 이곳에 도착했을 때 만났던 민속촌의 부시맨들이 떠올랐다. 관광객 몇 명의 호기심을 만족시키기 위해 지금 이 순간에도 전통 복장을 입고 화살을 든 채 힘겹게 땅을 기어 다니고 있을 부시맨들. 그들은 과연 잃어버렸던 옛 영화를 되찾고 자신만의 소중한 고향을 되찾을 수 있을까? 인간마저 관광하는 거대한 동물원이 되어버린 아프리카가 그들에게 정녕 아름다운 꿈이 되어 줄 수 있을까?

· · ·

모든 일정을 마치고 돌아가는 날, 나는 카메라 감독에게 물었다.

"이제 우리가 아프리카를 언제 또 올 수 있을까?"

"글쎄요. 올 때 오더라도 아프리카는 잘 있었으면 좋겠네요."

맞는 말이었다. 매번 올 때마다 그곳은 조금씩 변화했고 기상이변으로 인해 생태계도 영향을 받아왔다. 자연의 아름다움과 생명력에 감명 받아 다큐멘터리 감독의 길을 택한 지도 꽤 되었지만, 그동안 세상도 꽤나 바뀌었고 자연도 그만큼 훼손된 게 사실이니까.

사실 아프리카 사람들이 살아가는 치열한 야생의 모습을 찍으러 이곳까지 날아왔지만, 극한의 자연환경 속에서 생존하는 것은 그들에게 이미 중요한 것이 아니었다. 국가와 문명이 들어오면서 그들의 전통적인 삶의 기반 자체가 흔들리고 있었고, 원주민들은 새로운 자본주

의의 문명을 받아들이고 적응해야 하는 위협에 놓여 있었다. 이제 지구상에, 아니 최소한 아프리카에는 오지는 없다.

위대한 아프리카 땅의 어엿한 한 주인이었던 그들은 어느덧 고향을 잃었고, 곧 사냥 기술도 잃어버릴 것이다. 그들은 살기 위해 일거리를 찾아 도시로, 빈민촌으로 떠날 것이다. 물론 그들 중 일부는 '밀렵'이라는 유혹에 손쉽게 넘어갈 것이다.

그들은 치타와 사자, 침팬지와 가젤처럼 자연을 운명으로 받아들이고 최선을 다해 살아 왔다. 하지만 그들은 지금 지구 온난화로 가뭄이라는 곤란을 겪고 있는 누 떼와 밀렵의 위협에 놓인 사자와 치타, 그리고 인간이 몰고 온 외부 인플루엔자에 목숨을 잃고 있는 침팬지와 다를 바 없는 같은 처지에 놓여 있을 뿐이다. 인간마저도 문명이 만들어낸 자본과 발전의 논리 속에서 서서히 그 존재와 생명을 위협받고 있는 것이다.

전통의 삶을 사는 인간도 없듯이, 전통의 방식대로 살아가는 동물도 없어진다면, 이미 그때는 지구의 미래는 없을지도 모른다. 나는 이 긴 여행을 마치면서, 자연의 아름다움의 본질인 '조화로움'이 우리 인간에게 이어지기를 간절히 바라고, 또 기도한다.

다시 쓰는 동물의 왕국

동물의 세계에는 슈퍼갑이 없다

초판 1쇄 펴낸날 2016년 1월 15일

지은이 최삼규
펴낸이 이상규
편집인 김훈태
편 집 이의진
디자인 엄혜리
마케팅 김선곤

펴낸곳 이상미디어
등록번호 209-06-98501
등록일자 2008. 09. 30
주소 서울시 성북구 정릉동 667-1 4층
대표전화 02-913-8888
팩스 02-913-7711
e-mail leesangbooks@gmail.com

ISBN 979-11-5893-008-0 03400